句悟人生

木梓

编著

北方妇女儿童出版社

·长春·

图书在版编目（CIP）数据

句悟人生 / 木梓编著. -- 长春 ：北方妇女儿童出
版社，2025．1. -- ISBN 978-7-5585-9072-6

Ⅰ．B821-49

中国国家版本馆CIP数据核字第20246V3B52号

句悟人生

JU WU RENSHENG

出 版 人	师晓晖
责任编辑	于德北
装帧设计	天下书装
开　　本	710mm×1000mm　1/16
印　　张	10
字　　数	107千字
版　　次	2025年1月第1版
印　　次	2025年1月第1次印刷
印　　刷	三河市南阳印刷有限公司
出　　版	北方妇女儿童出版社
发　　行	北方妇女儿童出版社
地　　址	长春市福祉大路5788号
电　　话	总编办：0431-81629600

定　　价　49.80元

前　言

　　那些流传千古的名言警句，不仅是个人智慧的结晶，更是人类共同的精神财富。它们如同一盏盏明灯，照亮了我们前行的道路，引领我们探索人生的真谛。正是基于这样的认识，我们精心编写了这本《句悟人生》，旨在通过古今中外名人的智慧之语，为读者呈现出一幅丰富多彩、深邃广阔的人生画卷。

　　《句悟人生》不仅是一次跨越时空的对话，更是一场心灵的盛宴。书中精心挑选了来自不同历史时期、不同地域文化、不同行业领域的名言警句，它们或如涓涓细流，细腻温婉，触动人心；或如江河奔腾，气势磅礴，震撼灵魂。这些名言警句以其独特的魅力，涵盖了智慧、情感、梦想等15个丰富多元的主题，共同凝结成启迪人生的智慧之语。

　　每个主题都如同一扇窗，透过它，我们得以窥见人生的不同面貌，感受生命的多样性与复杂性。这些警句或激昂澎湃，激励我们在面对困难与挑战时，坚定信念，勇往直前；或温柔细腻，提醒我们在快节奏的生活中，珍惜眼前人，感恩每一刻的美好。它们就像一面面明镜，映照出人性的光辉与阴暗，生活的甜蜜与苦涩，让我们在阅读的过程中，不断反思自身，深化对人生的理解，实现心灵的成长与升华。

《句悟人生》不仅是一本警句集锦，更是一本人生指南。希望每一位读者都能从中汲取智慧和力量，勇敢地面对生活中的挑战与机遇。愿这本书能成为你人生旅途中的良师益友，陪伴你走过每一个重要的时刻。让我们一起在这些智慧之语中感悟人生、启迪心灵、成就未来。

张海君

2024 年 11 月

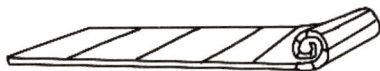

目 录

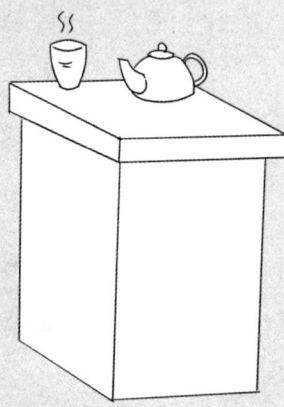

未来可期

竹杖芒鞋轻胜马，谁怕？

苏轼

苏轼 字子瞻，号东坡居士，世称苏东坡，是北宋时期杰出的文学家、书法家、画家。他是"唐宋八大家"之一，豪放派词人的代表人物。苏轼的文学风格豪放自如，尤其以词开豪放一派，与辛弃疾并称"苏辛"。

经典句摘

黑夜无论怎样悠长，白昼总会到来。

——莎士比亚

希望是生命的源泉，失去它，生命就会枯萎。

——富兰克林

假如生活欺骗了你，不要悲伤，不要心急！忧郁的日子里需要镇静；相信吧，快乐的日子将会来临。

——普希金

希望和耐心是每个人的救命药；灾难临头时，它们是最可靠的依赖，最柔软的倚垫。

——罗·伯顿

我的希望是想确定因为我生活在这个世界上，才使这个世界变得好了一些。

——林肯

你是一树一树的花开，是燕在梁间呢喃。你是爱，是暖，是希望，你是人间的四月天！

——林徽因

人生不是一支短短的蜡烛，而是一支由我们暂时拿着的火炬，我们一定要把它燃得十分光明灿烂，然后交给下一代的人们。

——萧伯纳

人生包括两个部分：过去的是一个梦，未来的是一个希望。

——霍桑

未来不是我们要去的地方，而是我们要创造的地方。

——彼得·德鲁克

我们应该把未来看作是一种挑战，而不是一种威胁。

——雅克·德洛尔

未来是一片光明的，只要我们有勇气去追求它。

——托马斯·潘恩

北海虽赊，扶摇可接；东隅已逝，桑榆非晚。

王勃

王勃 字子安，唐代诗人，与杨炯、卢照邻、骆宾王并称为"初唐四杰"。其中，王勃被誉为初唐四杰之首。

经典句摘

我始终相信，对于那些勇敢地追求自己梦想的人，未来总是充满希望的。

——纳尔逊·曼德拉

我们的斗争和劳动，就是为了不断地把先进的理想变为现实。

——周扬

博观而约取，厚积而薄发。

——苏轼

时间的步伐有三种：未来姗姗来迟，现在像箭一般飞逝，过去永远静立不动。

——席勒

人生的道路上没有撒满鲜花，如果不能尽如人愿，也不要抱怨。能得到多少，都应该感到快乐。这是对人的考验。

——泰戈尔

一个完全的人生，一个完美的范例，不仅包括少年和壮年时期，也包括老年时期。早晨的美丽和中午的光芒万丈都是好的，但是一个人如果拉起窗帘，扭亮电灯，借以摒除黄昏的宁静，他必然是一个很愚蠢的人。

——毛姆

未来是一张白纸，而你手中的笔，可以绘出最美的图景。

季羡林

> 未来的路不会比过去更笔直，更平坦，但是我并不恐惧，我眼前还闪动着道路前方野百合和野蔷薇的影子。

季羡林 字希逋，山东临清人，是中国著名的语言学家、翻译家、教育家、社会活动家。季羡林的散文创作享有盛誉，作品《留德十年》《牛棚杂忆》《清塘荷韵》等广为流传。

经典句摘

恰同学少年，风华正茂；书生意气，挥斥方遒。指点江山，激扬文字，粪土当年万户侯。

——毛泽东

愿天上人间，占得欢娱，年年今夜。

——柳永

江南无所有，聊赠一枝春。

——陆凯

莫愁前路无知己，天下谁人不识君。

——高适

唯应待明月，千里与君同。

——许浑

未来的种子深埋在过去之中。

——托马斯·卡莱尔

江东子弟多才俊，卷土重来未可知。

——杜牧

海阔凭鱼跃，天高任鸟飞。

——阮阅

霜蹄千里骏，风翮九霄鹏。

——杜甫

愿君移向长林间，他日将来作梁栋。

——王冕

他日卧龙终得雨，今朝放鹤且冲天。

——刘禹锡

青春须早为，岂能长少年。

——孟郊

创造这中国历史上未曾有过的第三样时代，则是现在的青年的使命。

——鲁迅

谁道人生无再少？门前流水尚能西！休将白发唱黄鸡。

——苏轼

我认为，对一切来说，只有热爱才是最好的教师，它远远胜过责任感。

——爱因斯坦

生命有两种，一种是暂时的，一种是不朽的；一种是尘世的，一种是天国的。

——雨果

此刻，于生活的茧房中默默蓄力，我深知未来会有破茧成蝶的那一天。

岁月深长，万物有期，相信未来，定有惊喜在等。

以梦为马，踏破荒芜，奔赴未来那片璀璨星河。

未来是张空白画卷，我持信念之笔，绘就无限可能。

穿过风雨的回廊，尽头定是满溢希望与曙光的未来庭院。

今朝蓄势待发，明日未来可期，且看风云际会时。

心怀暖阳，不惧路长，未来的路，定洒满温暖光芒。

种子在黑暗中默默蓄力，只为未来绽放出惊艳天地的花朵。

把当下折叠，投递进未来的信箱，静候时光回赠的宝藏。

向着未来的方向，扬帆起航，哪怕风浪，亦是成长勋章。

未来如诗，我是行者，用脚步丈量每一行璀璨的韵脚。

今日的汗水，浇灌明日未来之花，芬芳定满径。

于时光长河垂钓，未来的愿，是上钩的锦鲤，闪耀希望。

怀揣梦想的火种，穿越暗夜，点燃未来的篝火熊熊。

未来可期，仿若星子在天幕闪烁，指引灵魂的归所。

凭栏望，未来的山川湖海，正待我仗剑天涯去来。

李白

仰天大笑出门去，我辈岂是蓬蒿人。

李白 字太白，号青莲居士，唐朝杰出的浪漫主义诗人，被后人誉为"诗仙"。李白的诗歌以豪放飘逸、想象丰富、意境奇妙著称，代表作有《望庐山瀑布》《行路难》《蜀道难》《将进酒》等。

经典句摘

晴空一鹤排云上，便引诗情到碧霄。

——刘禹锡

希望是附丽于存在的，有存在，便有希望，有希望，便是光明。

——鲁迅

如果冬天来了，春天还会远吗？

　　　　　　　　　　　　　　　　——雪莱

过去属于死神，未来属于你自己。

　　　　　　　　　　　　　　　　——雪莱

我从来不曾有过幸运，将来也永远不指望幸运，我的最高原则是：不论对任何困难都决不屈服。

　　　　　　　　　　　　　　　——居里夫人

我们应该不要让自己的畏惧阻挠我们去追求自己的希望。

　　　　　　　　　　　　　　　——肯尼迪

理想是指路明灯。没有理想，就没有坚定的方向；没有方向，就没有生活。

　　　　　　　　　　　　　　　——托尔斯泰

没有一颗心，会因为追求梦想而受伤。当你真心渴望某样东西时，整个宇宙都会来帮忙。

　　　　　　　　　　　　　——保罗·戈埃罗

所谓无底深渊，下去，也是前程万里。

　　　　　　　　　　　　　　　　——木心

如今我努力奔跑，不过是为了追上那个曾经被寄予厚望的自己。

　　　　　　　　　　　　　——约翰·利文斯顿

一个人只要知道自己去哪里，全世界都会给他让步。

　　　　　　　　　　　　　　　——爱默生

修身以为弓，矫思以为矢。立义以为的，亦云善拟议。

　　　　　　　　　　　　　　　　——郑樵

人生像曲曲折折的山涧流水，断了流，却又滚滚而来。

　　　　　　　　　　　　　　　　——波普

未来是光明而美丽的，爱它吧，向它突进，为它工作，迎接它，尽可能地使它成为现实吧！

——车尔尼雪夫斯基

人生就像庄严的宇宙一般：白昼可爱，夜晚仍然璀璨！

——歌德

于当下深耕，未来的田野，必收获丰硕的幸福之果。

半山腰太挤了，未来我们要一起在山顶眺望这个世界。

假装你去拥有某样东西，直到你真正去拥有它或者真正去实现它。

撑篙漫溯未来的河，彼岸定有繁花胜景，浅笑相迎。

伸手摘星，即便一无所获，也不至于满手污泥。

未来像一首空灵的诗，每一个尚未到来的日子都是待填的韵脚。

即今江海一归客，他日云霄万里人。

高适

高适　唐代著名的边塞诗人，与岑参并称"高岑"。其诗作笔力雄健，气势奔放，体现了盛唐时期奋发进取、蓬勃向上的时代精神。他的诗歌多慨叹身世，不仅反映自己早年的坎坷遭遇，同时也有反映人民疾苦的作品。其中，边塞诗的成就最高。

经典句摘

江山代有才人出，各领风骚数百年。

——赵翼

我们的理想，不管怎么样，都属于未来。

——奇雷特

生活在前进。它之所以前进，是因为有希望在；没有了希望，绝望就会把生命毁掉。

——特罗耶波尔斯基

不经一番寒彻骨，怎得梅花扑鼻香。

——黄檗禅师

未来将属于两种人：思想的人和劳动的人。实际上这两种人是一种人，因为思想也是劳动。

——雨果

历史是一面镜子，它照亮现实，也照亮未来。

——赵鑫珊

本来无望的事，大胆尝试，往往能成功。

——莎士比亚

人类的幸福和欢乐在于奋斗，而最有价值的是为理想而奋斗。

——苏格拉底

当梦想的翅膀挣脱束缚，我将穿越云海，飞向那被朝阳镀金、被月光洒银的无限可能，与美好相拥，与奇迹相吻。

未来可期，它是那破土而出的幼苗成长为参天巨木的壮阔历程，是每一片新叶舒展都伴随着的生命礼赞，是在岁月枝头挂满的累累硕果，散发着甜美的芬芳，慰藉着逐梦的灵魂。

把希望的种子深埋于当下的土壤，用努力与坚持去浇灌。

心灵灯塔

孔子

见贤思齐也，见不贤而内自省也。

孔子 名丘，字仲尼，春秋时期鲁国人，被尊称为"至圣先师"，是中国古代伟大的思想家、教育家和儒家学派的创始人。他提倡"仁与礼"的道德观念，主张"己所不欲，勿施于人"，强调个人修养和社会责任。

经典 句摘

众里寻他千百度。蓦然回首，那人却在，灯火阑珊处。

——辛弃疾

喷泉的高度不会超过它的源头，一个人的事业也是这样，他的成就绝不会超过自己的信念。

——林肯

最可怕的敌人，就是没有坚强的信念。

——罗曼·罗兰

绝不能因为一件伤心失望的事儿，就从此摒弃生活中一切有价值的东西。

——泰戈尔

人生的小小不幸，可以帮助我们度过重大的不幸。

——伊森伯格

人生中的有些瞬间和有些情感，是我们只能意会而不可言传的。

——屠格涅夫

一个人的性格决定你的境遇，如果你坚持保留你的性格，那你就无权拒绝你的境遇。

人一旦悟透了就会变得沉默，不是没有与人相处的能力，而是没有了逢人作戏的兴趣。

谋大事者，藏于心，行于事。春风得意时布好局，方能四面楚歌时有退路。做人要心中有佛，手里有刀；既能上马杀敌，也能下马念经；走心时不留余力，拔刀时不留余地。

不要告诉任何人你的过去。

少跟妈妈说难过的事，她帮不上忙，也会睡不着觉。

烦躁的时候，千万不要说话，安静地待会儿，成年人的烦恼和谁说都不合适。

没有人主动联系你，说明你在别人眼里没有价值，你也不必上赶着。

世上有两种东西不能直视，一是太阳，二是人心。

孟子

富贵不能淫，贫贱不能移，威武不能屈。

孟子 名轲，字子舆，战国时期邹国（今山东邹城）人，是中国古代著名的思想家、政治家和教育家。他继承并发展了孔子的儒家思想，尤其以提倡"仁政"和"民贵君轻"的理念而闻名。

经典 句摘

知人者智，自知者明。胜人者有力，自胜者强。

——老子

人，只要有一种信念，有所追求，什么艰苦都能忍受，什么环境也都能适应。

——丁玲

信念是鸟，它在黎明仍然黑暗之际，感觉到了光明，唱出了歌。

——泰戈尔

由百折不挠的信念所支持的人的意志，比那些似乎是无敌的物质力量具有更大的威力。

——爱因斯坦

合抱之木，生于毫末；九层之台，起于累土；千里之行，始于足下。

——老子

只要厄运打不垮信念，希望之光就会驱散绝望之云。

——郑秀芳

伟大的作品不只是靠力量完成，更是靠坚定不移的信念。

——塞缪尔·约翰逊

一个有信念者所开发出的力量，大于99个只有兴趣者。

——列夫·托尔斯泰

信念是储备品，行路人在破晓时带着它登程，但愿他在日暮以前足够使用。

——柯罗连科

世路如今已惯，此心到处悠然。

——张孝祥

心安身自安，身安室自宽。心与身俱安，何事能相干。

——邵雍

淡然离言说，悟悦心自足。

——柳宗元

人生海海，先有不甘，后有心安，成年人的世界，只做筛选，不做教育。

最高贵的惩罚就是沉默，最矜持的报复就是无视，少在烂事上纠缠，少为不值得的人生气。

让自己过得高贵一点，学会放下，才能更好地前行。

走在生命的两旁，随时撒种，随时开花。让穿枝拂叶的行人，踏着荆棘，不觉得痛苦，有泪可落，却不是悲凉。

记住，人性的丑陋就是对强者尤其宽容，对弱者极度刻薄。在强者的身上找优点，却在弱者的身上挑毛病。

走近一个人的时候要慢一点，以免看不清；离开一个人的时候要快一点，以免舍不得。

从粗粝的一生中榨尽所有温柔，悉数奉献于你，我仍觉不够。

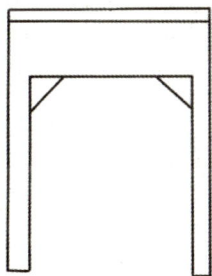

我不配做一盏灯，那么就让我做一块木柴吧！

巴金

巴金 字芾甘，是中国现代著名作家、翻译家、社会活动家。巴金的代表作包括激流三部曲（《家》《春》《秋》）和爱情三部曲（《雾》《雨》《电》），这些作品深刻地揭露了封建家庭的腐朽和对人的束缚，展现了青年一代的觉醒与反抗。

经典句摘

你要做的是，让自己的光芒如此耀眼，以至于别人无法忽视。

——玛丽·居里

成功并非永久，失败也并非致命；最重要的是勇气。

——温斯顿·丘吉尔

心灵是其自身命运的主宰。

——菲·贝利

一个崇高的灵魂是从所有的举动中透露出来的。

——巴尔扎克

世界上最宽阔的东西是海洋，比海洋更宽阔的是天空，比天空更宽阔的是人的心灵。

——雨果

要散布阳光到别人心里，先得自己心里有阳光。

——罗曼·罗兰

世界上有两件东西能震撼人们的心灵：一件是我们心中崇高的道德标准；另一件是我们头顶上灿烂的星空。

——康德

成熟的人不问过去，睿智的人不问现在，豁达的人不问未来。

草在结它的种子，风在摇它的叶子。我们站着，不说话，就十分美好。

你微微地笑着，不同我说什么话。而我觉得，为了这个，我已等待得很久了。

如果你在生活中有任何时候，感受到了负面情绪，请相信我，一定是因为你的思维方式出现了问题。

停在港湾的船是最安全的，但这并不是造船的目的。

"我年华虚度，空有一身疲倦。"但是，"要有最朴素的生活和最遥远的梦想，即使明天天寒地冻，路遥马亡。"

愿你生命中有足够多的云翳，来造成一个美丽的黄昏。

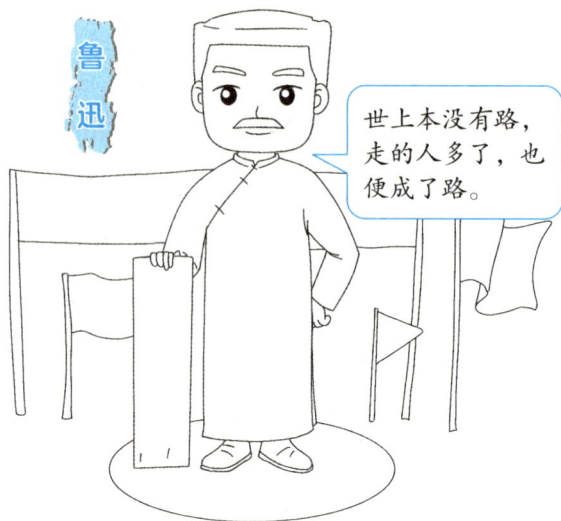

鲁迅

世上本没有路，走的人多了，也便成了路。

鲁迅　中国现代文学的奠基者。在文学成就上，其小说以犀利的笔触描绘社会众生相。如《狂人日记》是中国现代白话小说的开山之作，《孔乙己》《阿Q正传》等塑造了经典的人物形象，深刻地批判了封建礼教的本质和国民的劣根性。

经典 句摘

像这大千世界一样，人的心也是千差万别的。

——奥维德

唯有心灵能使人高贵。所有那些自命高贵而没有高贵的心灵的人，都像块污泥。

——罗曼·罗兰

心被那神圣之火燃烧起来的人，总是想法子把他的心倾吐出来的，要把满腔的东西拿给人看的。这样的人恨不得把心掏出来放在脸上，他绝不会想什么修饰打扮。

——卢梭

对具有高度自觉与深邃透彻的心灵的人来说，痛苦与烦恼是他必备的气质。

——陀思妥耶夫斯基

经得起各种诱惑和烦恼的考验，才算达到了最完美的心灵健康。

——培根

人生不售来回票，一旦动身，绝不能复返。

——罗曼·罗兰

你不能改变过去，但你可以改变未来。

——珍妮特·克莱尔

人生最大的悲哀不是失败，而是心有余而力不足。

——亨利·福特

落在一个人一生中的雪，我们不能全部看见。每个人都在自己的生命中，孤独地过冬。我们帮不了谁。我的一小炉火，对这个贫寒一生的人来说，显然杯水车薪。他的寒冷太巨大。

如果有来生，要做一棵树，站成永恒。没有悲欢的姿势，一半在尘土里安详，一半在风里飞扬；一半洒落阴凉，一半沐浴阳光。非常沉默、非常骄傲，从不依靠、从不寻找。

智慧之光

泰戈尔

如果错过太阳时你流了泪，那么你也要错过群星了。

泰戈尔　印度近代著名的爱国主义诗人、作家。他的文学作品深刻地反映了印度人民在帝国主义和封建种姓制度压迫下，要求改变自己命运的强烈愿望，充满了鲜明的爱国主义色彩和民主主义精神。

经典句摘

知之者不如好之者，好之者不如乐之者。

——孔子

书籍并不是没有生命的东西，它包藏着一种生命的潜力，与作者同样地活跃。

——弥尔顿

已经失去的一件无足轻重的东西，可以变成一切，一切也可以变成无足轻重的东西。好比在生命的瓷瓶上有一条难以察觉的裂痕，一条缝隙，于是一切都从这儿开始缺失。

——罗曼·罗兰

一切都在路途的荆棘丛中留下某种东西——羊群留下毛，人留下道德。

——雨果

天地专为胸襟开阔的人们提供了无穷无尽的赏心乐事，让他们尽情受用，而对于心胸狭窄的人则加以拒绝。

——雨果

见面就问你谋生方式的人，本质上是在计算对你的尊重程度。

谋事，找手头宽裕的人；做事，找手头拮据的人。

欲成大事，须营运关系，借他人之力成自己之事。

克制自己的反驳欲，做不到赞美，那就闭嘴。

不要轻易把秘密告诉好朋友，因为好朋友也有好朋友。

不管谁家有事，只要没通知你，就装作不知道，事后也别去问，免得大家都尴尬。

如果你不想和一个人聊天又不想得罪他，就晚点回消息。

一个人不想攀高就不怕下跌，也不用倾轧排挤，可以保其天真成其自然，潜心一志完成自己能做的事。

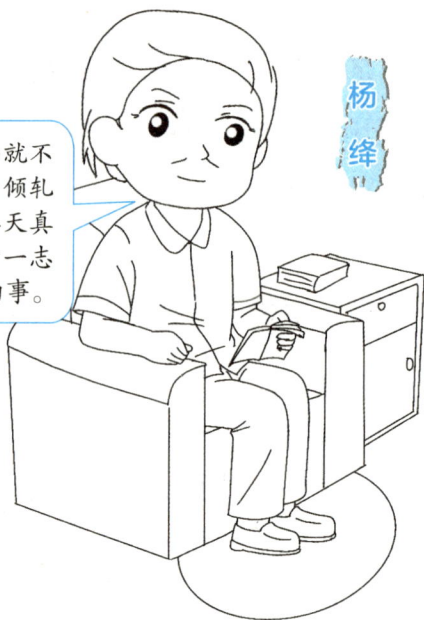

杨绛

杨绛　中国现代文学史上颇具影响力的学者、翻译家和作家。她的文学创作以冷静、幽默和深刻的语言风格著称，其作品常以旁观者的视角进行叙述，展现出一种隐士般的心境。

经典句摘

从伟大的认知能力和无私的心情结合之中最易于产生出思想智慧来。

——罗素

如果你站在童年的位置展望未来，你会说你前途未卜，你会说你前途无量；但要是你站在终点看你生命的轨迹，你看到的只有一条路，你就只能看到一条命定之路。

——史铁生

智慧只在于一件事，就是认识那善于驾驭一切的思想。

——赫拉克利特

能说服一个人的从来不是道理而是南墙。

能点醒一个人的从来不是说教而是磨难。

人生最好的导师，父母的低头，亲戚的冷漠，朋友的离开，爱人的背叛，和空荡荡的口袋。

"智慧能使人写作，但创造历史的是热情。"

——费尔巴哈

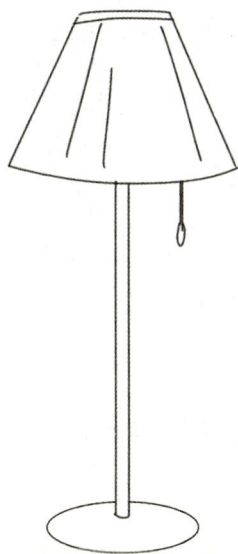

荀
子

故木受绳则直，金就
砺则利，君子博学而
日参省乎己，则知明
而行无过矣。

荀子　战国时期著名的儒家学者，他的文学成就主要体现在《荀子》中。荀子的文章论题鲜明，结构严谨，说理透彻，具有很强的逻辑性。他善于运用比喻、排比等句式，以增强议论气势，语言丰富多彩，形成了独特的风格，被誉为"诸子大成"。

经典 句摘

若此之使治国家，则此使不智慧者治国家也，国家之乱，既可得而知已。

——《墨子》

为将者的首要条件是勇气。没有勇气，其他条件都没有多大价值，因为没有勇气，其他条件都无法发挥作用。第二是智慧，要聪明过人和随机应变。第三是健康。

——萨克斯

虽有智慧，不如乘势。

——《孟子》

细看便是华严偈，方便风开智慧花。

——白居易

吃饭时坐你对面的女人，比坐你旁边的更愿意接纳你。

真正的智慧，不是知识的堆砌，而是在人性复杂的迷宫里，能一眼看穿表象与本质，懂得取舍，明白敬畏。

智慧如同暗夜里的灯塔，在人性的汪洋中，只有那些能拨开贪婪、愤怒和愚昧的迷雾的人，才能让灯塔之光真正照亮自己的灵魂。

财路，要守口如瓶。

不要告诉任何人你的实际存款，记住，是任何人。

没事，少发朋友圈，太高调的人，总有一天会毁了自己。

想要跟身边的人搞好关系，就永远不要跟他们分享成功的喜悦和开心的事。因为人性中最大的恶就是见不得身边人比自己好。

做人不需要太大方，这个世界上，只有傻大方和穷大方。

富人优先考虑的都是利益，穷人优先考虑的，永远都是感情和面子。

智慧在人性的深渊边缘，是那根拉住我们不使其坠落的绳索，它由清醒的自我认知、悲悯的同理心和果断的抉择编织而成。

庄子

> 大知闲闲，小知间间；大言炎炎，小言詹詹。

庄子　中国古代著名的思想家、哲学家和文学家，其文学成就尤为突出。他的作品《庄子》以其独特的文学风格和深邃的哲学思想，对后世产生了深远的影响。

经典句摘

智慧是没有别的东西可以代替的快乐。

——契诃夫

不要只说你读过书，要证明通过读书，你学会了更好的思考。

——爱比克泰德

智慧不能创造素材，素材是自然或机遇的赠予，而智慧的骄傲在于利用了它们。

——拜伦

广大智慧，具慈悲心。

——郑刚中

恶道自销溶，因明智慧通。

——释印肃

智慧是人性的天平，一边放置着欲望，一边放置着道德。智者能精准地平衡两者，在逐利的尘世中不失灵魂的重量。

在人性的战场，智慧是最好的盾牌。它不是用来攻击，而是在别人被愤怒、仇恨操控时，保护自己不受伤害，同时也守护他人的尊严。

任何时候都不要撕破脸，任何矛盾出现时，永远不要做那个掀桌子的人。

人生百味

苏轼

人生到处知何似，应似飞鸿踏雪泥。

苏轼　北宋时期杰出的文学家，他的文学成就在诗、词、散文等方面均有卓越的表现。在文学风格上，苏轼的作品以气势恢宏、激情磅礴的豪放风格著称，开创了宋词的豪放派。

经典句摘

我醉欲眠卿且去，明朝有意抱琴来。

——李白

世事洞明皆学问，人情练达即文章。

——曹雪芹

人吃喝是为了活着，而活着并不是为了吃喝。

——西塞罗

人生就是石材，要把它雕刻成神的姿态，或是雕刻成魔鬼的姿态，全靠各人的喜好。

——斯宾塞

人生是非常短暂的，但是，如果只注意到其短暂，那就连一点儿价值都没有了。

——杰克·伦敦

不要因为一时投缘，就轻易亮出你的底牌。

能控制住自己嘴巴的人都很厉害不管是吃饭还是说话。

别人不开口请你帮忙，尽量不主动帮忙。

做人不能太老实，再好的朋友也有可能出卖你。

初来人间不知苦，潦草半生一身无。转身回望来时路，才知生时为何哭。

待我何时能清闲，回乡种上二亩田。早观日出晚看霞，清茶小酒度余年。

人性如同洋葱，一层一层剥开，才能看到核心，而每一层都带着人生经历的不同味道。

我居桥底乐无忧，远离喧嚣避俗流。世人笑我流离客，我笑他人瞎忙活。

加减乘除算不出人间富贵，笔墨纸砚书不尽世上辛酸，喜怒哀乐诉不完世间冷暖，柴米油盐尝不透生活疾苦。

世间好物不坚牢，彩云易散琉璃脆。

陶渊明

陶渊明　字元亮，号五柳先生，是东晋末期至南朝宋初期的杰出诗人、文学家、辞赋家和散文家。他的文学创作以田园诗为主，深刻地反映了他对于官场的厌倦和对田园生活的向往。

经典 句摘

野饭菜羹皆适口，一真滋味静中长。

——陶宗仪

小摘园中露，新香糁作羹。岁和欣有兆，甘菜已春生。

——玄烨

人只有为自己同时代的人完善，为他们的幸福而工作，才能达到自身的完美。

——马克思

人间万物都是美。只有在我们忘记人类的尊严，忘记我们生活的高尚目标的时候，我们自己所想的或者所做的事情才不是那样的。

——契诃夫

人生如同故事。重要的不在有多长，而是在有多好。

——塞涅卡

果实的事业是尊贵的，花的事业是甜美的。但是，让我做叶的事业吧，叶是谦逊地、专心地垂着绿荫的。

——泰戈尔

人性的暗河在人生的山谷流淌，而阳光洒下的地方，希望与美好如繁花盛开。

人生的滋味越品越浓，人性的深度越探越幽，在这无尽的探寻中，我们逐渐理解生命的全貌。

今朝有酒今朝醉，明日愁来明日忧。且歌且舞且风流，无拘无束任我游。

万丈深渊终有底，三寸人心不可量。

人生如戏，人性是剧本里最深奥的台词，每个人都在演绎自己的故事，品味其中的酸甜苦辣。

人性的善与恶在人生的天平两端摇摆，而我们的选择决定了天平倾斜的方向。

王维

行到水穷处，
坐看云起时。
偶然值林叟，
谈笑无还期。

王维　唐代杰出的诗人和画家，被誉为"诗佛"。他的诗歌以山水田园诗见长，风格清新淡雅，意境深远。王维的诗作常常体现出诗中有画的艺术特色，他精于佛学，其诗歌中常蕴含禅意，展现出超脱世俗的宁静与和谐。

经典句摘

　　一个尝试错误的人生不但比无所事事的人生更荣耀，并且更有意义。

——萧伯纳

　　人生是短暂的，人应该尽量好好地利用一切才行。

——契诃夫

生活的乐趣取决于生活的本身，而不是取决于工作或地点。

——爱默生

人生是一场无休、无歇、无情的战斗，凡是要做个够得上称为人的人，都得时时向无形的敌人作战。

——罗曼·罗兰

人寿几何，顽铁能炼成的精金，能有多少？但不同程度的锻炼，必有不同程度的成绩；不同程度的纵欲放肆，必积下不同程度的顽劣。

——杨绛

为了国家的利益，使自己的一生变为有用的一生，纵然只能效绵薄之力，我也会热血沸腾。

——果戈理

对于人之常情有了初步认识之后，其他的认识也就不知不觉随之产生。只要对人间苦难的一种形式表示同感，也就能理解一切形式的人间苦难。

——茨威格

人生是非常复杂的，它不单纯是虔诚，也不全是欢乐。

——萧伯纳

在人生的道路上，所有的人并不站在同一个场所——有的在山前，有的在海边，有的在草原上，但没有一个人能够站着不动，所有的人都得朝前走。

——泰戈尔

世上有许多人，他们在无尽的财富中沉浮，但只有甘于平静的生活，知道生存即幸福的人，才真的是已经进入了天堂福境。

——萧伯纳

人生就像一杯茶，不会苦一辈子，但总会苦一阵子。这道出了人生既有苦涩阶段，又蕴含希望。

人性是复杂的迷宫，善良与丑恶交织，如同白昼与黑夜轮替，而我们都在其中寻找出口。

人生是一场五味杂陈的盛宴，甜酸苦辣咸，每一味都要亲自品尝，才能领悟生活的真谛。

在人生的旅途中，我们戴着面具穿梭，人性的真实有时像雾中的灯塔，时隐时现。

人生的百般滋味，是岁月的馈赠，甜是奖励，苦是磨砺，酸是警醒，辣是激情，咸是踏实。

人生这碗汤，需用时间慢炖，人性的诸般调料融入其中，才熬出属于自己的独特味道。

人性的复杂不在于黑白分明，而在于那一抹灰色地带，那是人生选择的困境与挣扎。

人性中最伟大的光辉不在于永不坠落，而在于每次坠落后总能再度升起。

人生没有彩排，每天都是现场直播。

老舍

> 人若是看透了自己，便不会小看别人。

老舍 中国现代著名作家，以其独特的文学风格和深刻的社会洞察力著称。他的文学作品朴实幽默、俗而能雅，深受读者的喜爱。老舍的作品多取材于市井生活，尤其擅长描绘北京市民，特别是下层贫民的生活，具有浓郁的市井风味和北京地方特色。

经典句摘

人生的价值，并不是用时间，而是用深度去衡量的。

——列夫·托尔斯泰

人应起码每天听首小歌，读首好诗，看幅好画，如有可能，说几句合情合理的话。

——歌德

真正的人生，只有在经过艰苦卓绝的斗争之后才能实现。

——塞涅卡

生活是种律动，须有光有影，有左有右，有晴有雨，滋味就含在这变而不猛的曲折里。

——老舍

心作良田耕不尽，善为至宝用无穷。我们应有纯洁的心灵，去积善为大众，就会获福无边。

——方海权

人生意义的大小，不在乎外界的变迁，而在乎内心的经验。

——王光美

要知道，人生是一条漫长的路，还有我们看不见的分岔多得不计其数。最高明的棋手，其中洞察力最强的也只能料到以后的几步棋。

——陀思妥耶夫斯基

蠢人的评判和群氓的嘲笑声，对这两点又有谁不曾领教过？

——屠格涅夫

自私心，这等于自杀。自私自利的人，好像一棵孤单单的、不结果的树，总会枯萎；然而，自尊心，作为达到理想境界的一种积极的渴望，却是一项伟大事业的源泉。

——屠格涅夫

人性的深渊里，有光辉的善意如繁星闪烁，也有黑暗的恶意如泥沼深陷，人生就在这明暗之间前行。

人生的滋味在舌尖缠绕，人性的真相在灵魂碰撞，每一次相遇都是一场灵魂的试炼。

人性的种种如同四季更迭，春日的善良、夏日的热情、秋日的沉稳、冬日的冷漠，周而复始地在人生舞台上演。

等级差别和社会秩序的基础就是建立在人们倾向于同情和附和富者、强者的感情之上。

人生是一个大熔炉，人性的勇敢是炉中的烈火，能熔化困难的钢铁；自私是炉壁的冷霜，阻碍热量散发；善良是添加燃料的手，让熔炉持续发光发热，各种滋味在其中交融。

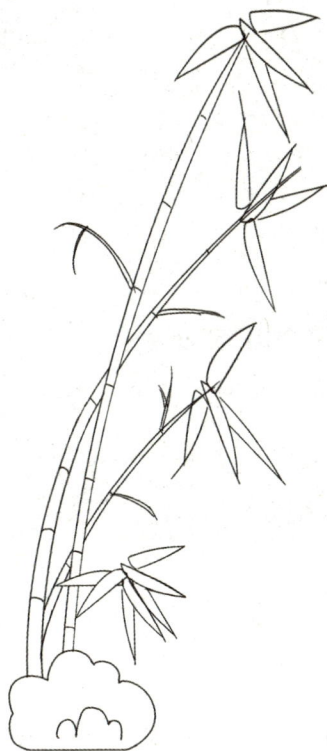

情感密码

莫道不销魂，帘卷西风，人比黄花瘦。

李清照

李清照 宋代杰出的女词人，婉约派代表，被誉为"千古第一才女"。她的词作风格清新脱俗，善于运用白描手法，语言清丽，情感真挚。前期作品多反映闺中生活和自然风光，后期作品则多抒发身世之感和悲叹，情调感伤。

经典句摘

我积攒了满满的记忆，埋入冬日深深的雪中。放下你，放下爱，而雪花仍旧片片飘动，仍旧可以忘掉悲伤。

人生便是这样的野蔷薇。硬说它没有刺，是无聊的自欺；徒然憎恨它有刺，也不是办法。应该是看准那些刺，把它拔下来！

——茅盾

　　人生如同在浩瀚的大海中航行，理想是罗盘针，热情是疾风。

——波普尔

　　人生的路上，有洁白芬芳的花，也有尖利的刺，但是自得其乐的人会忘记了有刺只想着有花。

——茅盾

　　每个人都有自己独立的空间，再好的朋友也是应该密切有间的，别总把自己不当外人，减少被别人利用的次数，学会减负。其实很多事物，没有得到时总觉得美好，得到之后才开始理解，咱们得到的同时也在失掉。

　　要是你什么都能原谅，那你经历的都是活该。

　　少年时的相恋，花开汹涌如潮似水，如同一场游春戏，眼前繁花参差，心有不甘却定将结束。彼时柔弱花枝未得接受将来怒放的力量。

李商隐

> 春蚕到死丝方尽，蜡炬成灰泪始干。

李商隐 字义山，号玉谿生，是晚唐时期著名的诗人。他的诗歌构思新奇，风格秾丽，尤其擅长写作爱情诗和无题诗，这些作品缠绵悱恻、优美动人，广为传诵。

经典句摘

因为爱过，所以慈悲；因为懂得，所以宽容。

——张爱玲

爱情如果不落到穿衣、吃饭、睡觉、数钱这些实实在在的生活中去，是不会长久的。

——三毛

每想你一次，天上飘落一粒沙，从此形成了撒哈拉。

——三毛

长相知，才能不相疑；不相疑，才能长相知。

——柏拉图

我之所以写作，不是我有才华，而是我有感情。

——巴金

这世上真话本就不多，一位女子的脸红胜过一大段对白。

——老舍

我明白你会来，所以我等。

——沈从文

假如有人问我的烦忧，我不敢说出你的名字。

——戴望舒

如何让你遇见我，在我最美丽的时刻。为这，我已在佛前求了五百年，求他让我们结一段尘缘。

——席慕蓉

月色与雪色之间，你是第三种绝色。

——余光中

星桥鹊驾，经年才见，想离情、别恨难穷。

——李清照

在任何人面前，只要你不欠他的就没必要唯唯诺诺。你的软弱只会让对方更看不上你。

有时候爱情真正的矛盾，不是她不理解你，而是你不会宽恕她。有时候觉得妥协一些、迁就一些、忍受一些可以得到幸福，但当你的底线放得越低，你得到的便是更低的那个结果。

真正能陪你到最后的人，不是你强撑着睡意和他聊天到深夜还不敢告诉他我困了的人，而是你随时和他说我困了就可以放你去睡的人，因为你永远不用担心你们过了今晚就会没有明天。

只要利益一致，讨厌你的人也会化敌为友；只要利益冲突，亲密的朋友也会手足相残。

生命中，无能为力的事，当断；无缘的人，当舍；过度欲望的执念，当离。

付出要有价值交换，不能无条件地帮助别人。同时，我们也要学会分辨伪君子和小人，避免被他们的花言巧语所迷惑。

有些人和你越走越远，并不是说你做错了什么，而是他不再需要你了。

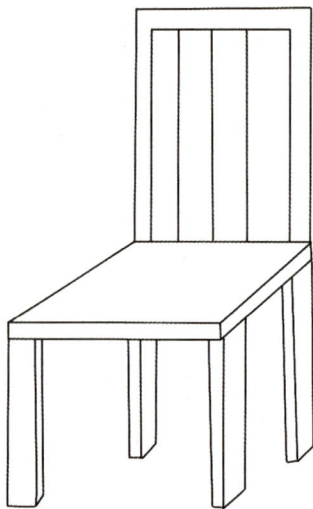

林徽因

你是人间的四月天。

林徽因　中国现代作家、诗人，她的作品以真挚的情感、细腻的笔触和清丽的风格著称。她的诗歌创作成就尤为突出，融入了中国古典诗歌和西方唯美派的表现手法，格律自由、感情丰富，《你是人间的四月天》等作品至今仍被广泛传诵。

经典句摘

人类生活，若缺乏情感的点缀，便要常沦到干枯的境地了。

——庐隐

情之为物，本是如此，入口甘甜，回味苦涩，而且遍身是刺，你就算小心万分，也不免为其所伤。

——金庸

人之所以为人，本只要发展他的内心的情感，理智不过是要求达到情感的需求时的一种帮助，并没独立的地位。

——顾颉刚

一个人可以成为感情的主人，也可以成为感情的奴隶。你是开向生路便是生，开向死路便是死。

——郭沫若

真忠于情的人，必不以失掉了某一个对象而自以为失恋。

——张申府

人类的知识愈发达，感觉愈锐敏，则生活苦的压力愈大，而求慰安的心愈切!

——茅盾

一时的热情冲动，会造成终身的隐痛。

——茅盾

没有情感的理智，是无光彩的金块；而无理智的情感，是无鞍镫的野马。

——郁达夫

当一碗水端不平的时候，只有牺牲那个最善良的才能风平浪静，一旦那个最善良的不愿意再牺牲了，就会被扣上一个破坏和睦的帽子。

善良，需要给对的人。对于好人，我们的善良会得到感恩；但对于坏人，过度的善良可能只会挑战他们的恶行底线。

无论是夫妻还是朋友之间，都不能对他太好，否则他会觉得你的付出是理所当然的；而当你对他稍微差一点儿时，他却会心生怨恨。

　　足够的狠心，是保护自己的方式。有时候，为了保护自己不受伤害，我们需要学会狠心。

　　保持神秘，是人际交往的智慧。在与人交往中，降低分享欲是一种智慧。

　　适度展现强势，赢得尊重。在人际交往中，适度地展现强势和拒绝的态度，可以让我们赢得更多的尊重。

　　学会接受变故，保持自我。在人生中，我们可能会遭遇各种变故和背叛，但重要的是要学会接受这些现实，并保持自我。

　　面对看不起你的人，你也绝不高看一眼，这是规矩也是礼貌。

　　生命中曾经有过的所有灿烂，原来终究都需要用寂寞来偿还。

　　经济实力，赋予女性更多选择权。女性的经济实力不仅可以让我们更自信地面对生活风雨，还可以让我们有更多的选择权和话语权。

　　独立，是女性的底气。对于女性来说，圈子独立、人格独立、经济独立是非常重要的。

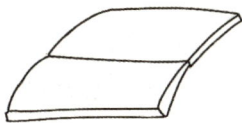

汤显祖

惊觉相思不露，原来只因已入骨。

汤显祖　明代杰出的戏曲家和文学家，被誉为"东方的莎士比亚"。他的文学成就主要体现在戏曲创作上，尤其是临川四梦（包括《牡丹亭》《紫钗记》《南柯记》《邯郸记》）最为著名。

经典句摘

爱情必须时时更新，生长，创造。

——鲁迅

人有悲欢离合，月有阴晴圆缺，此事古难全。但愿人长久，千里共婵娟。

——苏轼

如果一个人没有能力帮助他所爱的人，最好不要随便谈什么爱与不爱。当然，帮助不等于爱情，但爱情不能不包括帮助。

——鲁迅

老来多健忘，唯不忘相思。

——白居易

母亲的心是一个深渊，在它的最深处你总会得到宽恕。

——巴尔扎克

暗中时滴思亲泪，只恐思儿泪更多。

——倪瑞璟

良心是灵魂之声，感情是肉体之声。

——卢梭

感情虽然难以控制，但却是一种强大的动力。

——爱默生

笑是感情的舒展，泪是感情的净化。

——柯灵

情感在很大程度上依赖于悟性。由于情感的活动，我们的理性才能够趋于完善。

——卢梭

不尊重别人感情的人，最终只会引起别人的讨厌和憎恨。

——戴尔·卡耐基

爱自己，是给别人最好的爱。爱一个人最好的方式不是拼命地对他好并期望他回报你同样的爱，相反地，我们应该先经营好自己。

如果一段关系让你感到非常累和煎熬，那么及时结束它是对自己的善待。

用实力说话，避免无谓的争辩。在实力不足时与他人争辩是愚蠢的行为，我们应该更注重提升自己的实力和能力。

旅游回来，不要主动说出去，你分享的是快乐，别人听到的是炫耀。

朋友亲戚家的孩子再不对，都不要去教育，教育别人的孩子就是在打别人的脸。

梦想翅膀

林语堂

梦想无论怎样模糊，总是潜伏在我们心底，使我们的心境永远得不到宁静，直到这些梦想成为事实。

林语堂 中国现代著名学者、文学家、语言学家和翻译家，以其卓越的文学才华和深厚的文化底蕴在中国文学史上占有重要地位。他的作品以幽默和深刻的人生哲学见长，融合了中西方文化，展现了独特的文学风格。

经典 句摘

　　梦想绝不是梦，两者之间的差别通常都有一段非常值得人们深思的距离。

——古龙

为中华之崛起而读书。

——周恩来

凡事都要脚踏实地去做，不驰于空想，不骛于虚声，而唯以求真的态度作踏实的功夫。以此态度求学，则真理可明，以此态度做事，则功业可就。

——李大钊

人生办一件大事来，做一件大事去。

——陶行知

一个人的理想越高，他的生活就越纯洁。

——林语堂

百川东到海，何时复西归？少壮不努力，老大徒伤悲。

——《汉乐府》

寸寸河山寸寸金，侉离分裂力谁任？杜鹃再拜忧天泪，精卫无穷填海心。

——黄遵宪

望门投止思张俭，忍死须臾待杜根；我自横刀向天笑，去留肝胆两昆仑。

——谭嗣同

人需要理想，但是需要人的符合自然的理想，而不是超自然的理想。

——列宁

疾风知劲草，板荡识诚臣。勇夫安识义，智者必怀仁。

——李世民

清谈可以饱，梦想接无由。

——韩愈

虽有天下易生之物也，一日暴之，十日寒之，未有能生者也。

——孟子

有些鸟是注定不会被关在牢笼里的，它们的每一片羽毛都闪耀着自由的光辉。

——斯蒂芬·埃德温·金

古之立大事者，不惟有超世之才，亦必有坚忍不拔之志。

——苏轼

智慧的可靠标志就是能够在平凡中发现奇迹。

——爱默生

梦想是心灵的归宿，它让我们的存在有了意义。

——泰戈尔

人生因梦想而高飞，人性因梦想而伟大。梦想是生命中无形的翅膀，唯有梦想，我们才会更加卓越。

人性最可怜的就是：我们总是梦想着天边的一座奇妙的玫瑰园，而不去欣赏今天就开在我们窗口的玫瑰。

一个人可以非常清贫、困顿、低微，但是不可以没有梦想。只要梦想一天，只要梦想存在一天，就可以改变自己的处境。

成功者一定是用自己的梦想去点燃别人的梦想，是时刻播种梦想的人。

梦想是一缕阳光，驱散你前行的阴霾；梦想是一泓清泉，洗净你心中的铅华。

梦想只要能持久，就能成为现实。我们不就是生活在梦想中的吗？

世界上最快乐的事，莫过于为梦想而奋斗。

每个人都有一定的理想，这种理想决定着他的努力和判断的方向。

行动是老子，
知识是儿子，
创造是孙子。

陶行知

陶行知 中国现代教育史上的杰出教育家、思想家，同时也是一位诗人和社会学家。他的文学创作明白晓畅、风格独特，被誉为陶派诗，开创了中国近现代诗歌创作的新风。

经典 句摘

一个人至少拥有一个梦想，有一个理由去坚强。心若没有栖息的地方，到哪里都是在流浪。

——三毛

梦想，可以天花乱坠，理想，是我们一步一个脚印踩出来的坎坷道路。

——三毛

梦想无论多么模糊，总潜伏在我们心底。梦想的力量深植于心。

——叶芝

唯有梦想，让平凡的灵魂得以飞翔。

——罗曼·罗兰

没有通天手段，哪来家财万贯？永远记住，富在术数，不在劳身；利在局势，不在力耕。所以你要抬头看路，而非只是低头干活。

整天工作的人是发不了财的。财富是对认知的补偿。而不是对勤奋的奖赏。

吾人在世，不可因现实的困境，而放弃对梦想的追逐，那是对人性中进取精神的磨灭。

人性中的坚韧，在追逐梦想的道路上得以体现，每一次跌倒后的重新站起，都是对梦想的执着坚守。

梦想如同灯塔，在人性的海洋中为我们指引方向，让我们在迷茫时找到前行的道路。

不要让人性中的懒惰和恐惧，阻挡了你追逐梦想的脚步，勇敢地迈出每一步，去实现自己的价值。

梦想是人性中最美好的向往，它激励着我们不断超越自我，突破人性的局限。

屈原

亦余心之所善兮，虽九死其犹未悔。

屈原　中国历史上第一位伟大的爱国诗人，被誉为中华诗祖和辞赋之祖。他创立了"楚辞"这种文体，也称骚体，以其作品为主体的《楚辞》是中国浪漫主义文学的源头，与《诗经》并称风骚，对后世诗歌产生了深远的影响。

经典句摘

世界上最快乐的事，莫过于为理想而奋斗。

——苏格拉底

人的理想志向往往和他的能力成正比。

——约翰逊

梦想只要能持久，就能成为现实。我们不就是生活在梦想中的吗？

——丁尼生

人类因梦想而伟大，人生因拼搏而精彩。梦想引领人生，拼搏创造传奇！

——白国伟

白日不到处，青春恰自来。苔花如米小，也学牡丹开。

——袁枚

梦想是心灵的指南针，即便在最艰难的时刻，也能帮助我们找到方向。

每个人的心中都有一个不为人知的梦想，它像一粒种子，在适当的时候破土而出。

不要因为害怕失败而放弃梦想，真正的失败是从未尝试。

梦想是生活的盐，没有它，再美的风景也失去了味道。

人生之败，非傲即惰，二者必居其一，所以勤则百弊皆除。

生活没有如果，只有结果，自己尽力了，努力了，就好。

这世界有太多的猝不及防，快乐当下，不忧未来。

每个人都有属于自己的舞台，梦想就是那舞台上的灯光，照亮你的每一步。

梦想是心灵的翅膀，有了它，即使身处低谷也能飞向蓝天。

追梦的路上，最宝贵的不是到达终点，而是沿途的风景和成长。

人生和世事大抵如此，靠近了，都不壮观。

站在痛苦之外规劝受苦的人，是件很容易的事。

人生在世，皆在自度，有的人看得透，有的人看不透。

余光中

在逆风里把握方向，做暴风雨中的海燕，做不改颜色的孤星。

余光中　中国现代文学史上一位多才多艺的文学大师，他的作品涵盖诗歌、散文、评论和翻译等多个领域。他的文学创作以深厚的中西方文化底蕴为基础，风格多变，既有壮阔铿锵的大手笔，也有细腻柔绵的小写意。

经典 句摘

一个人有了远大的理想，就是在最艰苦困难的时候，也会感到幸福。

——徐特立

梦想是生命的翅膀，没有它，人生便无法翱翔。

——海伦·凯勒

孩子，我希望你自始至终都是一个理想主义者。你可以是农民，可以是工程师，可以是演员，可以是流浪汉，但你必须是个理想主义者。

——余光中

期待是一种半清醒半疯狂的燃烧，使焦灼的灵魂幻觉自己生活在未来。

——余光中

理想如晨星——我们永不能触到，但我们可像航海者一样，借星光的位置而航行。

——史立兹

悲观的人，先被自己打败，然后才被生活打败；乐观的人，先战胜自己，然后才战胜生活。

——汪国真

梦想是人性中最美好的向往，它激励着我们不断超越自我，突破人性的局限。

在追逐梦想的过程中，人性的善良与互助会让我们结识志同道合的人，共同前行，让梦想之路更加温暖。

人性中的贪婪和浮躁，可能会让我们偏离梦想的轨道，只有保持内心的纯净和坚定，才能让梦想之花绽放。

温柔要有，但不是妥协，我们要在安静中，不慌不忙地坚强。

有些事不是准备好了才去做，而是做了才能看到希望。

把身体照顾好，把喜欢的事做好，把重要的人待好。

希望曙光

人能走多远？这话不是要问两脚而是要问志向；人能攀多高？这事不是要问双手而是要问意志。

汪国真

汪国真 中国当代著名诗人，其文学作品以积极向上、昂扬超脱的风格著称。 他的诗歌主题常聚焦于生活的导向实践，并从中提炼出人所共知的哲理，使得读者易于产生共鸣。

经典句摘

最有希望的成功者，并不是才干出众的人而是那些最善利用每一时机去发掘开拓的人。

——苏格拉底

人类的精髓，是心愿和希望。

——齐佩尔

我不去想是否能够成功，既然选择了远方，便只顾风雨兼程。我不去想能否赢得爱情，既然钟情于玫瑰，就勇敢地吐露真诚。我不去想身后会不会袭来寒风冷雨，既然目标是地平线，留给世界的只能是背影。我不去想未来是平坦还是泥泞，只要热爱生命，一切，都在意料之中。

——汪国真

要学孩子们，他们从不怀疑未来的希望。

——泰戈尔

每朵乌云背后都有阳光。

——吉伯特

没有希望，就没有努力。

——约翰逊

我从东方来，从汹涌着波涛的海上来，我将带光明给世界，又将带温暖给人类。

——艾青

星垂平野阔，月涌大江流。名岂文章著，官应老病休。飘飘何所似，天地一沙鸥。

——杜甫

生活在前进。它之所以前进，是因为有希望在；没有了希望，绝望就会把生命毁掉。

——特罗耶波尔斯基

希望的灯一旦熄灭，生活刹那间变成了一片黑暗。

——普列姆昌德

旧希望欺骗了我们的地方，就存在着希望。

——莫里兹

当生活把无边的严寒铺盖在你身上时，一定还会给你一根火柴。

——冯骥才

在人生的道路上，当你的希望一个个落空的时候，你也要坚定，要沉着。

——朗费罗

强大的勇气、崭新的意志——这就是希望。

——路德

最怕突如其来的失望，打破我蓄谋已久的希望。

人生充满了各种破事，说得最多的就是没事。

你可以什么都听，但不能什么都信。

确定性会让人安心，可未知才是常态。

爱是世界上最伟大的力量，它能在绝望中创造希望，让人性的美好在希望的曙光中熠熠生辉。

被爱包裹的人，即使身处黑暗，心中也会有希望的曙光。爱给予人力量和勇气，是人性中最温暖的希望之光。

蒲松龄

有花有酒春常在，无烛无灯夜自明。

蒲松龄 清代著名的文学家，字留仙，号柳泉居士，世称"聊斋先生"。蒲松龄的文学生涯跨越了雅文学和俗文学，他的作品深受民间文化的影响，同时也展现了他个人的文学才华。

经典句摘

河上没有桥还可以等待结冰，走过漫长的黑夜便是黎明。

——汪国真

但愿每次回忆，对生活都不感到负疚。

——郭小川

毫无理想而又优柔寡断是一种可悲的心理。

——培根

人生活在希望之中，一个希望破灭了或实现了，就会有新的希望产生。

——莫泊桑

希望里蕴藏着极大的力量，使我们的志向和幻想成为事实。

——弥尔顿

希望是热情之母，它孕育着荣誉，孕育着力量，孕育着生命。

——普列姆昌德

虽然希望总是受到欺骗，但是有所希望是必要的。因为希望本身是幸福的，希望的烦恼，尽管时常发生，但总是没有希望的破灭那么可怕。

——塞缪尔·约翰逊

坚定的信念作为人性的支撑，让我们能在黑暗中预见希望的曙光。

强大的信念彰显人性的顽强，引领我们走向希望。

不能因为你遇到了坏的事情，就总是悲观看人，这个世界千奇百怪，就像葵花籽外面是黑的，但是剥开里面却是白的。

沉舟侧畔千帆过，病树前头万木春。

刘禹锡

刘禹锡 唐代杰出的文学家、哲学家和政治家，被誉为"诗豪"。他的诗歌创作以豪放豁达的风格而著称，即使在被贬外放23年的逆境中，他的诗作依旧昂扬向上、充满力量。

经典句摘

希望是厄运的忠实的姐妹。

——普希金

世上最快乐的事，莫过于为理想而奋斗。

——苏格拉底

先相信你自己，然后别人才会相信你。

——屠格涅夫

生活没有目标，就像航海没有指南针。

——大仲马

人生的真正欢乐是致力于一个自己认为是伟大的目标。

——萧伯纳

有理想的、充满社会利益的、具有明确目的的生活是世界上最美好的和最有意义的生活。

——托尔斯泰

生活中没有理想的人，是可怜的。

——雨果

你们的理想与热情，是你航行的灵魂的舵和帆。

——罗曼·罗兰

在理想的最美好的世界中，一切都是为美好的目的而设的。

——王尔德

有太多人在寻找理想的对象，而不是让自己成为理想的人。

感谢我遇到的挫折，让我不断蜕变和成长。那些曾经让我哭泣和不安的人，也是上帝派来的天使，他们让我坚强，只要希望还在，就能走向曙光，凸显了人性在挫折中的成长与希望。

每一次挫折，都是成长的契机；每一滴眼泪，都是希望的种子。在挫折中坚守希望，是人性的光芒所在。

世界上有一种东西不能遵循从众原则，那就是人的良心。

要有勇气追随心声，听从直觉，它们在某种程度上知道你想成为的样子。勇敢地去追寻，才能抓住希望的曙光，展现出人性中勇于探索的一面。

勇气是控制恐惧心理，而不是心里毫无恐惧。带着这样的勇气前行，才能在黑暗中寻得希望的曙光，体现人性的坚毅。

机会面前人人平等，抓住了机会就有可能改变人生，但有人乘风而起，也有人半日归零。

喜欢就争取，得到就珍惜，错过就忘记，生活其实就这么简单。

生活没有如果，只有结果，自己尽力了，努力了，就好。

人生没有停靠站，现实永远是一个出发点。无论何时何地，不能放弃，只有保持奋斗的姿态，才能让希望的曙光照进现实，这便是坚持的人性力量。

最困难之时，就是离成功不远之日。只要在艰难时刻仍不放弃希望，凭借坚韧的人性，就能等到曙光的出现。

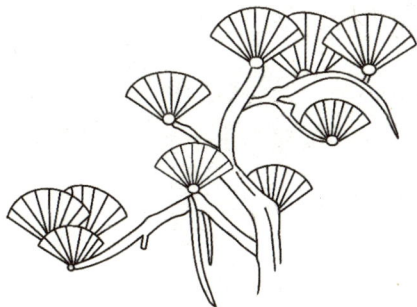

文天祥　南宋末年的政治家、文学家，同时也是一位爱国诗人和抗元名臣。他的文学成就主要体现在他的诗歌创作上，其作品以深沉的情感和雄浑的气势，展现了他作为一位爱国诗人的崇高品质。

经典句摘

你在希望中享受到的乐趣，比将来实际享受的乐趣要大得多。

——苏格拉底

理想是美好的，但没有意志，理想不过是瞬间即逝的彩虹。

——车尔尼雪夫斯基

伟大的理想只有经过忘我的斗争和牺牲才能胜利实现。

——左拉

人之所以能够感到"幸福"，不是因为生活得舒适，而是因为生活得有希望。

虽然我可以一蹶不振，但是我必须一鸣惊人。

乐观者在灾祸中看到机会，悲观者在机会中看到灾祸。乐观的人性让我们在困境中也能发现希望的曙光，而悲观则可能蒙蔽双眼，错失希望。

即使翅膀折了，心也要飞翔。这种不向命运低头的人性，能让人在黑暗中坚守对希望曙光的期待。

在黑暗的那段人生里，是我自己把自己拉出了深渊，没有那个人，我就是那个人。

因为知足，所以更接近幸福。

一个人知道自己为什么而活，就可以忍受任何一种生活。

无论你怎么做，总有人对你不满意，活在别人的眼光里是非常愚蠢的。

我不怕千万人阻挡，只怕自己投降。

有些鸟儿是关不住的，它们的每一片羽毛都闪耀着自由的光辉。

鸡蛋，从外打破是食物，从内打破是生命。人生亦是如此，从外打破是压力，从内打破是成长。

如果你真心选择去做一件事，那么全世界都在帮你。

辛弃疾

唤起一天明月，
照我满怀冰雪，
浩荡百川流。

辛弃疾　南宋时期著名的文学家、政治家，他的词作以豪放著称，情感激昂奔放，思想内容深刻。他的词题材广泛，不仅写景抒情，也涉及政治、历史等重大题材，对国家兴亡、民族命运有着深切的关注，这使他的词作具有强烈的时代感和现实意义。

经典句摘

希望就是生活，生活就是希望。

——斯勒佛

希望是一种对于未来光荣的预期。

——但丁

我们必须接受有限的失望，但是千万不可失去无限的希望。

——马丁·路德·金

每个人的一生都会后悔，有的人是因为没有付出，有的人却是因为没有珍惜。

人生就是场经营，有人经营感情，有人经营利益，有人经营幸福，而有人经营阴谋。

让人失去理智的，常常是外界的诱惑；让人耗尽心力的，往往是自己的欲望。

只要一息尚存，一个人就不应当放弃希望。

黑夜无论怎样悠长，白昼总会到来。

坚信自己的人生是一场好戏，永远期待下一场好戏。

你要相信黎明会穿透黑暗，带来井然有序的明天和无尽美好的未来。

黑夜给了我黑色眼睛，我却用它去寻找光明。

有了方向，无论在大洋的哪一边都能够到达彼岸。

希望是坚韧的拐杖，忍耐是旅行袋，携带它们，人可以登上永恒之旅。

希望的种子，只有撒在奋斗的土地上时才可发芽。

不是每个人都能成为自己想要的样子，但至少每个人都可以努力成为自己想要的样子。

温暖人间

走近 名家

冰心

有了爱就有了一切。

　　冰心　原名谢婉莹，中国现代文学史上著名的女作家。她的文学创作以"爱的哲学"为核心，强调母爱、童真和自然之美。冰心的作品风格以柔和细腻的笔调、委婉含蓄的手法和清新明丽的语言为特色，给人以婉约典雅、轻灵隽永、凝练流畅之感。

经典 句摘

　　善良的心就是太阳。

——雨果

爱之花开放的地方，生命便能欣欣向荣。

——凡·高

真正的同情，在忧愁的时候，不在快乐的期间。

——冰心

我自己是凡人，我只求凡人的幸福。

——冰心

你若爱，生活哪里都可爱。你若恨，生活哪里都可恨。你若感恩，处处可感恩。你若成长，事事可成长。

——丰子恺

爱是生命的火焰，没有它，一切变成黑夜。

——罗曼·罗兰

那种只愿听顺耳之言的人，对他人又有什么帮助？

——伊丽莎白·比贝斯科

慈悲不是出于勉强，它是像甘露一样从天上降下尘世；它不但给幸福于受施的人，也同样给幸福于施与的人。

——莎士比亚

铺床凉满梧桐月，月在梧桐缺处明。

——朱淑真

小草呀，你的足步虽小，但是你拥有你足下的土地。

——泰戈尔

离我们最近的地方，路程却最遥远。我们最谦卑时，才最接近伟大。

——泰戈尔

人生如同故事，重要的并不在有多长，而是在有多好。

——塞涅卡

人生最美好的，就是在你停止生存时，也还能以你所创造的一切为人民服务。

——奥斯特洛夫斯基

从容不迫的举止，比起咄咄逼人的态度，更能令人心折。

——三毛

生活中总会有一些人，他们善良得如同冬日里的暖阳，用自己的温暖去融化别人心中的冰雪，让这个世界变得更加美好。

人性的善良是一盏明灯，在黑暗中为他人照亮前行的路，也为自己的内心带来光明与温暖。

那些不经意间的善举，是人性中最温暖的底色，它们或许微不足道，但却能在不经意间汇聚成一股强大的力量，让人间充满温情。

每一个闪闪发光的人，都在背后熬过了一个又一个不为人知的黑夜。

总觉得别人把你看轻了，实则是你把自己看重了；但凡有分量的人，都懂得拿捏"轻重"。

真正内心强大的人，就是活在自己的世界里，而不是活在别人的眼中和嘴上。

宽容是人性中最美丽的花朵，它能在人与人之间的摩擦中绽放出理解与和谐的芬芳，让彼此的心靠得更近。

理解是一座桥梁，连接着人与人之间的心灵。当我们以理解之心去对待他人时，人性的温暖便在这桥梁上传递开来。

人性的美好在于，当我们犯错时，总有人能够以宽容和理解的胸怀来接纳我们，让我们在愧疚中感受到温暖与安慰。

在这个世界上，总有一些陌生人会在你最需要的时候伸出援手，他们的关爱如同春风拂面，让你感受到人性的温暖与力量。

丰子恺

大事难事，看担当；
逆境顺境，看胸襟；
是喜是怒，看涵养；
有舍有得，看智慧；
是成是败，看坚持。

丰子恺　中国现代文学史上杰出的文学家、画家，以散文和漫画闻名于世。他的文学创作以幽默风趣、清新自然、富有思想性著称。他的散文风格独特，笔触清新明朗、妙趣横生，善于用朴实无华的辞藻表达深刻的思想和情感，给人以素雅之感。

经典句摘

人与人之间的相互关系中对人生的幸福最重要的莫过于真实、诚意和廉洁。

——富兰克林

当你幸福的时候，切勿丧失使你成为幸福的德行。

——莫洛亚

爱，可以创造奇迹。被摧毁的爱，一旦重新修建好，就比原来更宏伟、更美、更顽强。

——莎士比亚

帮自己的忙，帮到后来，只忙了自己，这是常常要遇到的。

——鲁迅

爱别人，也被别人爱，这就是一切，这就是宇宙的法则。为了爱，我们才存在。有爱慰藉的人，无惧于任何事物、任何人。

——彭沙尔

在这青山绿水之间，我想牵着你的手，走过这座桥，桥上是绿叶红花，桥下是流水人家，桥的这头是青丝，桥的那头是白发。我们相伴一生，还是太短。

——沈从文

愿你的未来纯净明朗，像你此刻的可爱目光，在世间美好的命运中，愿你的命运美好欢畅。

——普希金

幸运的人一生都被童年治愈，不幸的人一生都在治愈童年。

——阿德勒

关爱他人是一种本能，也是人性中最珍贵的品质。当我们用心去关爱身边的人时，我们也在传递着温暖，让人间充满爱。

人性的互助是一道亮丽的风景线，它让我们看到了人与人之间的紧密联系。在困难时刻，大家携手共进，共同抵御风雨，让温暖在彼此心间流淌。

感恩是人性中最温暖的情感之一，当我们懂得感恩时，我们会发现生活中处处充满了美好与温暖，那些曾经帮助过我们的人也会因为我们的感恩而感到欣慰。

我们之所以会心累，是因为常常徘徊在坚持和放弃之间，举棋不定。

人生不过是一场旅行，你路过我，我路过你，然后各自向前，各自修行。

其实没必要在意别人的看法，评头论足只是无聊人的消遣，何必看得如临大敌，如果你不吃别人家的饭，就别太把别人的话放在心上。

真诚是打开人心的钥匙，当我们以真诚待人时，我们会收获他人同样真诚的回应，这种真诚的交流让人性的温暖在彼此心间传递。

友善的微笑如同阳光，能够驱散人们心中的阴霾。一个简单的微笑，一句亲切的问候，都能展现出人性的美好与温暖。

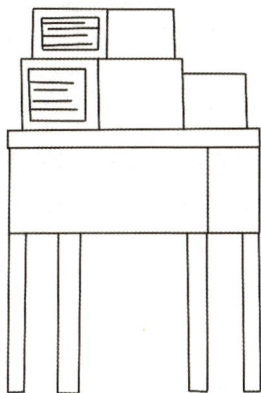

冯梦龙

人逢喜事精神爽，月到中秋分外明。

冯梦龙　明代杰出的文学家和戏曲家，以其对通俗文学的巨大贡献而闻名。他编辑加工的话本《三言》，即《喻世明言》《警世通言》《醒世恒言》，与凌濛初的《初刻拍案惊奇》《二刻拍案惊奇》合称"三言二拍"，代表了中国古代白话短篇小说的最高成就。

经典句摘

被妈妈亲爱的手臂拥抱着，其甜美远胜于自由。

——泰戈尔

友谊不是别的，而是一种以善意和爱心去连接世上一切神俗事物的和谐。

——西塞罗

我们最可怕的敌人不是怀才不遇，而是我们的踌躇，犹豫。将自己定位为某一种人，于是，自己便成了那种人。

——海伦·凯勒

上天生下我们，是要把我们当作火炬，不是照亮自己，而是普照世界。

——莎士比亚

人性的温暖往往体现在那些真诚而友善的瞬间，它们或许只是生活中的点滴小事，但却能给人带来无尽的温暖与感动。

人若是看透了自己，便不会小看别人。

我们曾如此期盼外界的认可，到最后才知道，世界是自己的，与他人毫无关系。

等到了一定年纪，你会发现，那些你执着的过往，放不下的情怀，舍不得丢弃的人，早就不惦记了。

同一话语，不同诠释，人们总爱听悦耳之言。

如果敌人让你生气，那说明你还没有胜他的把握。如果朋友让你生气，那说明你仍然在意他的友情。

许多人追求着生活的完美结局，殊不知美根本不在结局，而在于追求的过程。

幸福就好，不要晒出来，因为晒多了，迟早有一天会晒干的，所以要低调。

时间不会停下来等你，我们现在过的每一天，都是余生中最年轻的一天。

如果你越来越冷漠，你以为你成长了，但其实没有。长大应该是变得温柔，对全世界都温柔。

有趣的人，大概就是他的信息密度和知识层面都远高于你，可他还是愿意俯下身听你讲那些没有营养的废话，并乐此不疲。

礼貌和教养不只是干瘪单薄的客套，还有推己及人的周到和体谅。

每个人在为别人做什么的时候，哪怕他再心甘情愿，再默默无声，心里也总会有那么一丝希望，希望有一天对方能看见。

是微风，是晚霞，是心跳，是无可替代。

当你想起他，应是沧浪滚滚；当你想起他，应是繁星璀璨；当你想起他，应是春暖花开。

若你决定灿烂，山无遮，海无拦。

要一个黄昏，满是风和正在落下的夕阳。如果麦子刚好熟了，炊烟恰恰升起。那只白鸽贴着水面飞过，栖息于一棵芦苇。而芦苇正好准备了一首曲子。如此，足够我爱这破碎泥泞的人间。

朝暮与年岁并往，然后与你一同行至天光。

凡人百年，爱是秩序外的一瞬间。

白居易

卧迟灯灭后，
睡美雨声中。

白居易 唐代伟大的现实主义诗人，他的诗歌以通俗性、写实性在中国文学史上占有重要地位。他的诗歌风格可以概括为语言简练、描绘生动和情感抒发强烈真挚。

经典句摘

人生，总会有不期而遇的温暖，和生生不息的希望。

——毕淑敏

日出身温暖，心惺思更惺。

——居遁

你微微地笑着，不同我说什么话。而我觉得，为了这个，我已等待得很久了。

——泰戈尔

当一个人在深思的时候，他并不是在闲着。有看得见的劳动，也有看不见的劳动。

——雨果

爱除自身外无施与，除自身外无接受。爱不占有，也不被占有，因为爱在爱中满足了。

——纪伯伦

做人也要像蜡烛一样，在有限的一生中有一分热发一分光，给人以光明，给人以温暖。

——萧楚女

在生活中，每个人都应当是春晖，给别人以温暖。

——茅盾

家，对每一个人，都是欢乐的泉源啊！再苦也是温暖的，连奴隶有了家，都不觉得他过分可怜了。

——三毛

快乐是一种美德，因为它不但表现自己对世界的欣赏与赞美，也给周围的人带来温暖与轻快。

——罗曼·罗兰

人性的美好就在于，我们总能在黑暗中找到一丝光亮，那丝光亮可能是陌生人的一个微笑，一句安慰，它如同寒夜中的炉火，温暖着人心。

在这个世界上，总有那么一些人，他们的善良是根植于人性深处的，不需要任何理由，就像阳光普照大地一样自然，给周围的人带来无尽的温暖。

人性的温情是一场没有终点的接力，一个善意的举动，会在人与人之间传递，不断放大，最终让整个世界都充满爱的味道。

最动人的人性光辉，往往隐藏在那些不经意的善举里，可能是在拥挤的公交车上为老人让的一个座，那一瞬间，人性的美好如花开满枝。

人性中有善良的种子，一旦遇到合适的土壤就会发芽生长，那些在他人困境中伸出援手的人，便是用自己的行动浇灌着人性温情的花朵。

当灾难来临，人性中的温情如同黑暗中的灯塔，无数平凡的人化身为英雄，用爱与勇气诠释着人性的伟大与美好。

人性的温暖，是街头流浪者收到的那一份热餐，是那份不求回报的给予，它让我们看到，在这个世界上，善良从未缺席。

在生活的角角落落，人性的温情像涓涓细流，它汇聚在人与人的交往中，那些真诚的问候、关心的眼神，都是人性光辉的映射。

没有什么比时间更具有说服力，因为时间无须通知我们就可以改变一切。

生命是属于每个人自己的感受，不属于任何别人的看法。

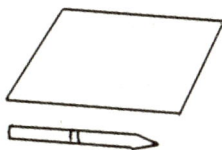

风雨兼程

郑燮

千磨万击还坚劲，任尔东西南北风。

郑燮　清代著名的文学家、书画家，被誉为"扬州八怪"之一。他的文学成就主要体现在诗歌、书法和绘画上，世称"三绝"。他的诗歌以清新流畅、直抒胸臆著称，善于通过题画诗表达情感和思想，形式上具有艺术性和趣味性，内容上富有思想性和抒情性。

经典 句摘

人生的光荣，不在永远不失败，而在于能够屡扑屡起。

——拿破仑

成功的花，人们只惊羡她现时的明艳！然而当初她的芽儿，浸透了奋斗的泪泉，洒遍了牺牲的血雨。

——冰心

人的生命似洪水在奔流，不遇着岛屿、暗礁，难以激起美丽的浪花。

——奥斯特洛夫斯基

我不去想，身后会不会袭来寒风冷雨，既然目标是地平线，留给世界的只能是背影。

——汪国真

生活总是让我们遍体鳞伤，但到后来，那些受伤的地方一定会变成我们最强壮的地方。

——海明威

在人生的道路上，谁都会遇到困难和挫折，就看你能不能战胜它。战胜了，你就是英雄，就是生活的强者。

——张海迪

卓越的人的一大优点是：在不利和艰难的遭遇里百折不挠。

——贝多芬

即使慢，驰而不息，纵会落后，纵会失败，但一定可以达到他所向的目标。

——鲁迅

想要成为更好的自己，就要靠近更好的圈子，汲取更多的正能量。

生活不会因为你是女生就对你手下留情，别让性别成为你的挡箭牌。

别在该努力的年纪选择了安逸，别让将来的你，恨现在的自己。

人生最大的失败，莫过于放弃追逐梦想的勇气。

把时间用在进步上，而不是抱怨上，努力和效果之间，永远差着坚持。

路难走，才知脚下土；事难做，方见心头志。

不经历风雨，怎么见彩虹？没有磨难，怎能成长？

人生就像一场马拉松，领先的不一定能赢，坚持到最后的人才会有机会成功。

人生就像海洋，只有意志坚定的人，才能到达彼岸。

失败并不可怕，可怕的是失去了勇敢尝试的勇气。

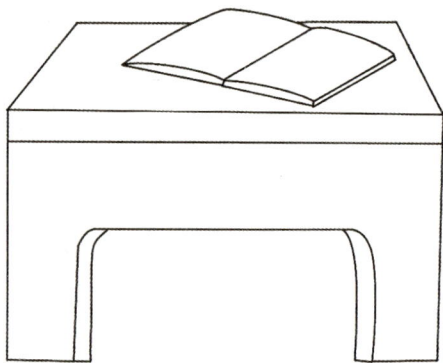

李大钊

人生最高理想，在于求达真理。

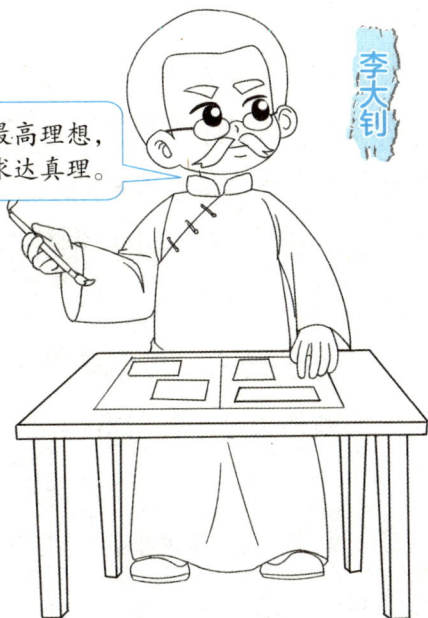

李大钊 中国近现代历史上杰出的马克思主义者、革命家。李大钊的文学创作，如《青春》这部作品，凝聚着战士的时代感和诗人的激情，向人们发出战斗的呼喊，寄寓着对青春中国之再生的美好憧憬。

经典句摘

向着某一天终于要达到的那个终极目标迈步还不够，还要把每一步骤看成目标，使它作为步骤而起作用。

——歌德

每一种挫折或不利的突变，是带着同样或较大的有利的种子。

——爱默生

只有不断反省自己，才能不断成长。

人生就像骑自行车，要想保持平衡，就得往前走。

带着答案问你问题的人，他要的不是答案，而是你的把柄。

所有流言飞语都为人津津乐道，人人都热衷于他人的不幸。

文化像一条河，每个人都是河里的鱼，鱼游不出河，我们每个人也跳不出自己所在的文化。

一个人一生可以爱上很多的人，等你获得真正属于你的幸福之后，你就会明白以前的伤痛其实是一种财富，它让你学会更好地去把握和珍惜你爱的人。

人生就是这样，得失无常。得之我幸，失之我命。凡是路过的，都算风景，能占据记忆的，皆是幸福。

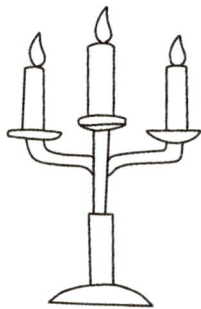

一生报国有万死，
双鬓向人无再青。

陆游

陆游 南宋时期杰出的文学家，以诗歌成就最为显著。他的诗歌风格雄浑豪放、沉郁悲凉，兼具现实主义和浪漫主义的特点。陆游的诗作内容广泛，涉及抗金、爱国、田园生活等多个方面，其中尤以表达爱国激情和壮志未酬的悲愤情感最为突出。

经典句摘

竹杖芒鞋轻胜马，谁怕？一蓑烟雨任平生。

——苏轼

一切幸福都并非没有烦恼，而一切逆境也绝非没有希望。

——培根

只有永远躺在泥坑里的人，才不会再掉进坑里。

——黑格尔

对于不屈不挠的人来说，没有失败这回事。

——俾斯麦

坚持意志伟大的事业需要始终不渝的精神。

——伏尔泰

在科学上没有平坦的大道，只有不畏劳苦沿着陡峭山路攀登的人，才有希望达到光辉的顶点。

——马克思

我不去想，未来是平坦还是泥泞，只要热爱生命，一切都在意料之中。

——汪国真

我不去想，身后会不会袭来寒风冷雨，既然目标是地平线，留给世界的只能是背影。

——汪国真

平静的湖面，练不出精悍的水手；安逸的环境，造不出时代的伟人。

——列别捷夫

心有方向并懂得未雨绸缪的人，运气都不会太差。目光放远一点儿，不必纠结于昨天，你一定行！

我要努力赚钱，不是因为我爱钱，而是这辈子，我不想因为钱和谁在一起，也不想因为钱而离开谁。

他捏着一把糖，逢人就发，你偏说你的这块最甜。

时光静悄悄地流逝，世界上有些人因为忙而感到生活的沉重，而有些人因为闲而活得压抑。

今天扫完今天的落叶，明天的树叶不会在今天掉下来，不要为明天烦恼，要努力地活在今天这一刻。

人生没有绝对的公平，却又是相对公平的。在一个天平上，你得到的越多，也必须比别人承受得更多。

风雨人生，我们每个人都在日夜兼程，在属于自己的道路上，不畏艰辛，努力奔赴人生山海。生活的风雨，教会我们珍惜阳光的温暖，让我们在逆境中学会拼搏，在挫折中坚守，从而变得更加坚强。

生活有风有雨是常态，风雨兼程是状态，风雨无阻是心态。即便生活有风有雨，我们依旧要怀揣希望，相信风会停息，阳光会再次照耀，以乐观的态度迎接风雨的挑战。

人这一生，风雨兼程，只为寻找真我。人生就是一场慢慢苏醒的过程，在磨难中提高自己的能力，在艰难岁月中寻找到自己。

有时候，你一个人走了很久。不管是烈日炎炎还是雨雪交加，你都一个人走。你渴望有个人可以和你风雨兼程，但那些来到你身边的人却又都远走。然而，即使前路孤独，也依然要一个人风雨兼程。

青春不长不短，恰好容我们短暂忧伤，然后抬头朝着阳光的方向，一路向前。

凌晨四点钟，看到海棠花未眠。

不要因为世界太过复杂，而背叛了你的单纯。每个大人都曾经是孩子，可惜大多数人都忘了。

龚自珍

我劝天公重抖擞，不拘一格降人才。

龚自珍 清代著名的思想家、诗人和文学家，他的文学创作具有深刻的现实主义和鲜明的浪漫主义色彩。他的诗歌紧密围绕现实政治，批判时弊，抒发感慨，展现出了丰富的社会历史内容。

经典句摘

我从小放牛，知道牛的脾气，牛好得很，出力最大，享受最少，我就心甘情愿为党、为人民当一辈子老黄牛。

——王进喜

人生路上，有亲人的陪伴，有朋友的支持，有陌生人的鼓励。这些温暖的力量，让我们在风雨中感受到人间的真情，我们应心怀感恩，珍惜这些情谊。

人到三十，少了些年轻气盛，多了些沉稳大气，一睁开眼睛，生活里都是要依靠你的人，却没有你可以依靠的人，于是在风雨兼程中学会了担当。

人到四十，少了些任性妄为，多了些谨言慎行。要认清生活的真相，学会为自己的人生做减法，懂得删繁就简，过滤掉和自己三观不同的人，和相处舒服的人在一起。

人到五十，少了些烦躁忧愁，多了些释然放下。看清自己的内心，懂得了什么才是自己最想要的生活，对于人生下半场，活的就是释然。

成功永远属于那些爱拼搏的人，只要勇于去搏，勇敢去闯，就可闯出一片属于自己天地，以实现人生精彩，不管结局是否完美，至少享受拼搏的过程。

碰到一点儿压力就把自己变成不堪重负的样子，碰到一点儿不确定性就把前途描摹成暗淡无光，碰到一点儿不开心就把它搞得似乎是这辈子最黑暗的时候，大概都只是因为不想努力而放弃找的最拙劣的借口。

我们应拥有积极的心态，勇敢地面对风雨。

人生本来就不易，生命本来就不长，何必用无谓的烦恼，作践自己，伤害岁月。

若不是没有心甘情愿地得到，哪儿会有不甘气馁的笑。

不要问，不要等，不要犹豫，不要回头。没有答案的时候，就独自出去见一见这个世界。

诗意栖居

柳永

寒蝉凄切，对长亭晚，骤雨初歇。

柳永 北宋时期著名的词人，婉约派的代表人物之一。他的词作以情感细腻、意境优美而著称，尤其擅长描绘城市风光和抒发羁旅行役之情。柳永的词语言通俗、音律谐婉、情景交融，在当时流传极广，有"凡有井水饮处，皆能歌柳词"之说。

经典句摘

谁和我一样用功，谁就会和我一样成功。

——莫扎特

我的身体里的火车从来不会错轨，所以允许大雪、风暴、泥石流和荒谬。

——余秀华

世界让我遍体鳞伤，但伤口长出的却是翅膀。

——阿多尼斯

既然人生的幕布已经拉开，就一定要积极地演出；既然脚步已经跨出，风雨坎坷也不能退步。

人生就是呼吸，呼是为了出一口气，吸是为了争一口气。

月光轻洒，夜色如织，星辰在远方低语，编织着宇宙的梦境。

晨露微凉，花瓣轻颤，每一滴露珠都承载着太阳未醒的梦。

秋风轻抚过古老的城墙，岁月在砖瓦间低吟浅唱，诉说着往昔的辉煌。

烟雨蒙蒙中，小桥流水人家，宛如一幅淡雅的水墨画，静谧而深远。

顾城

黑夜给了我黑色的眼睛，我却用它去寻找光明。

顾城　中国当代诗人，朦胧诗派的代表人物之一。他的诗歌以自然纯净、童话般的风格著称。顾城的诗歌语言简洁，句式短小而意境优美，他善于运用拟人手法，用儿童视角构建了纯净的艺术世界。

经典句摘

鱼躺在番茄酱里，鱼可能不大愉快，海并不知道，海太深了，海岸并不知道。

——夏宇

当观水月，莫怨松风。
羡青山有思，白鹤忘机。

雪莱

过去属于死神，未来属于自己。

雪莱 英国浪漫主义文学的重要代表人物，他的诗歌作品以激情和美感著称，充满了对自然、人性、社会和政治的深刻思考。雪莱的作品中，常常被描绘为力量和灵感的源泉，他用丰富的比喻和象征手法将自然与个人情感相融合，传达出情感的深度和力量。

经典句摘

重湖叠巘清嘉，有三秋桂子，十里荷花。

——柳永

我不知道风是在哪一个方向吹——我是在梦中，在梦的轻波里依洄。

——徐志摩

我要你，要得我心里生痛，我要你火焰似的笑，要你灵活的腰身，你的发上眼角的飞星；我陷落在迷醉的氛围中，像一座岛，在蟒绿的海涛间，不自主地在浮沉……

——徐志摩

明年来此赏清明，窗掩梨花庭院静，小楼风雨共谁听？

——张可久

秋日薄暮，用菊花煮竹叶青，人与海棠俱醉。

——林清玄

人生忽如寄，莫辜负茶、汤和好天气。

——汪曾祺

一轮明月已上林梢，渐觉风生袖底，月到波心，俗虑尘怀，爽然顿释。

——沈复

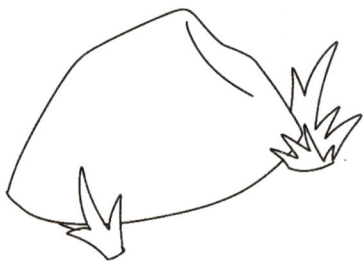

时光漫步

朱熹

少年易老学难成，一寸光阴不可轻。

朱熹　南宋时期著名的理学家、思想家、哲学家、教育家，也是一位诗人。他的作品体现出深刻的哲学思考与自然美的描绘相结合的特点。朱熹的诗以山水诗成就最高，讲究以理入诗，将哲学思考融入自然景观的描写之中。

经典句摘

我一口气喝掉三行，另外一行，在你的体内结成了冰柱。

——洛夫

时光就像个大筛子，经得起过滤。自以为玩得不错的好友，也许并不是你想象得那样好。只有经过时间的检验，日久见人心，最后留下来的，才是真正的朋友。

水不试，不知深浅；人不交，不知好坏。时间是个好东西，验证了人心，见证了人性。

小时候就觉得酒很苦，为什么大人们还是那么爱喝，长大后才发现比起生活，酒确实甜了许多。

岁月总叫人成长，却又不指明方向。

我们终会老去，而他们也曾年轻过。

下雨了，才知道谁会给你送伞；遇事了，才知道谁对你真心。有些人，只会锦上添花，不会雪中送炭；有些人，只会火上浇油，不会坦诚相待。

茶凉了，就别再续了，再续，也不是原来的味道了；人走了，就别再留了，再留下，也不是原来的感觉了；情没了，就别回味了，再回味，也不是原来的心情了。

懂得太多，看得太透，就会变成世界的孤儿。总是深情被辜负，偏偏套路得人心。

后来有的人学会了撒谎不脸红，有的人学会了冷漠地微笑，有的人再也不熬夜，有的人狠心剪掉长发。他们都是回不去的人，这世上所有的重来，从来都是骗人的。

即使错了，也不必懊恼，人生就是对对错错，何况有许多事，回头看来，对错已经无所谓了。

看似自由，却都是身不由己。

人生天地之间，若白驹过隙，忽然而已。

时间把我们煮成了清粥，没了味道，没了样子。

时间就是生命，
时间就是速度，
时间就是力量。

郭沫若

郭沫若　中国现代杰出的浪漫主义文学家。郭沫若的作品以激情澎湃和想象力丰富著称，如《女神》这部作品，集中体现了他对光明、力量的歌颂以及对新世界的热烈向往。

经典 句摘

时间是变化的财富。时钟模仿它，却只有变化而无财富。

——泰戈尔

世上真不知有多少能够成功立业的人，都因为把难得的时间轻轻放过而致默默无闻。

——莫泊桑

消磨时间是一种多么劳累、多么可怕的事情啊，这只肉眼看不见的秒针无时不在地平线下转圈，你一再醉生梦死地消磨时间，到头来你还得明白，它仍在继续转圈，无情地继续转圈……

——伯尔

时间是由分秒积成的，善于利用零星时间的人，才会做出更大的成绩来。

——华罗庚

时间是最不偏私的，给任何人都是二十四小时；时间也是偏私的，给任何人都不是二十四小时。

——赫胥黎

时间就是生命，无端地空耗别人的时间，其实是无异于谋财害命的。

——鲁迅

不要羡慕别人的境况有多好，不要感叹自己的境遇有多糟。改变自己现有的坏习惯和坏脾气，你会发现：原来，生活是如此的美好，世界是这样的宽容。

生命的价值在人生之路中体现得淋漓尽致，它的意义不在于能活多少天，而是在于你怎样选择你的人生，这一辈子做了个怎样的人。

一个人对宠物好，不代表对人也好；对兄弟仗义，不代表会对恋人专一；对父母孝顺，更不意味着对妻子温顺。很多时候，一件事只能代表一件事，而人们总是喜欢用过多的联想，去填充自己对另一个人的期待。

直觉这个东西还是挺准的，你能察觉到的所有怠慢、轻蔑，你感受到的所有不再喜欢、不再关心，并不是因为敏感，而是切切实实的事实。

遇见了形形色色的人之后，你才知道，原来世界上除了父母不会有人掏心掏肺对你，不会有人无条件完全信任你，也不会有人一直对你好，你早该明白，天会黑、人会变，人生那么长路那么远，你只能靠自己，别无他选。

　　我看到那些岁月如何奔驰，挨过了冬季，便迎来了春天。

　　当我猜到谜底，才发现，一切都已过去，岁月早已换了谜题。

　　岁月极美，在于它必然的流逝。春花、秋月、夏日、冬雪。

　　人一旦有了追求，光阴就荏苒了，岁月就如梭了，时间就白驹过隙了。

　　车水马龙，光影炫目，现实世界里的每一秒好像都是珍贵的，不容浪费的。

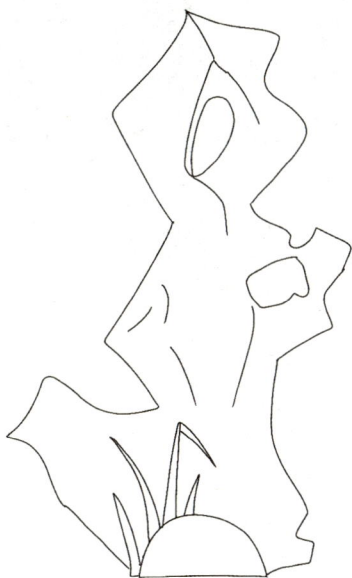

颜真卿

黑发不知勤学早，白首方悔读书迟。

颜真卿 唐代杰出的书法家，以雄浑、宽博的楷书风格而著称，被誉为"楷书四大家"之一。他的书法作品在艺术上具有划时代的意义，他的诗词在文学方面有着深刻的内涵和表现力。

经典句摘

不守时间就是没有道德。

——蒙森

盛年不重来，一日难再晨，及时宜勉励，岁月不待人。

——陶渊明

你若是爱千古，你应该爱现在；昨日不能唤回来，明日还是不实在；你能确有把握的，只有今日的现在。

——爱默生

如果你浪费了自己的年龄，那是挺可悲的。因为你的青春只能持续一点儿时间——很短的一点儿时间。

——王尔德

当好人很累，而且一旦有一天觉得疲倦，很可能就会马上从一个好人变成大家口中的坏人。就像一个人坚强久了，偶尔受伤的时候也不会有人安慰。

那些曾经让你难过的事情，总有一天你会笑着说出来。那些让你曾拼尽全力的努力，总有一天你会知道它存在过即有意义。

发怒，是用别人的错误惩罚自己；烦恼，是用自己的过失折磨自己；后悔，是用无奈的往事摧残自己；忧虑，是用虚拟的风险惊吓自己；孤独，是用自制的牢房禁锢自己；自卑，是用别人的长处诋毁自己。

不要在意别人在背后怎么看你说你，编造关于你的是非，甚至是攻击你。人贵在大气，要学会对自己说：如果这样说能让你们满足，我愿意接受。并请相信，真正懂你的人绝不会因为那些有的、没的而否定你。

时间识人，落难知心，不经历一事，不懂得一人，时间，是最好的过滤器，岁月，是最真的分辨仪，一个人是真心，是假意，不在嘴上，而在心上，一份情是虚伪，是实际，不在平时，而在风雨。

时光是检验人心最好的试金石，它会让真诚的人更加闪耀，也会让虚伪的人原形毕露。

每个人的生命都是有限的，但每个人心中的善良和爱却是无限的，时光让这一切更加珍贵。

在时光的长河里，每个人都是自己故事的主角，而人性中的光辉，往往在最不起眼的瞬间闪耀。

时光教会我们，不是所有的付出都会有回报，但每一份真诚的情感都值得被铭记。

时光如流水，它带走了一些，也留下了更多。留下的，是人性中最真实、最温暖的部分。

岁月老了，听故事的人，成了讲故事的人，讲故事的人，成了故事里的人。

人生是一场旅行，重要的是沿途的风景以及看风景的心情，而人性的美好，就是这旅途中最美的风景。

时光能冲淡一切，但冲不淡的是人性中的善良与坚强，它们是生命中最宝贵的财富。

时光流转，岁月更迭，但人性中的美好永远不会消逝，它如同灯塔，照亮前行的道路。

本杰明·富兰克林

浪费时间是所有支出中最昂贵的。

本杰明·富兰克林　美国历史上一位杰出的文学家，他的作品以朴实无华且富于幽默色彩的文风在美国18世纪文学中独树一帜。富兰克林的文学成就主要体现在他的自传《富兰克林自传》和《穷理查年鉴》等作品中。

经典句摘

时间就像海绵里的水，只要愿挤，总还是有的。

——鲁迅

时间是一位可爱的恋人，对你是多么的爱慕倾心，每分每秒都在叮嘱：劳动、创造、别虚度了一生。

——于沙

时间是我的财产，我的田亩是时间。

——歌德

最聪明的人是最不愿浪费时间的人。

——但丁

平庸的人关心怎样耗费时间，有才能的人竭力利用时间。

——叔本华

四季循环往复，走过四季并感受它们，然后体会生命成长的过程，这就是生活赋予的价值

人生的每个阶段，都有其独特的风景，而人性中的美好，就是连接这些风景的桥梁。

时光不老，是我们忘记了初心。保持一颗年轻的心，是对抗岁月最好的武器。

人性中的善与恶，就像时光中的白昼与黑夜，彼此交织，共同构成了这个世界的复杂与美丽。

时光虽逝，但人性中的美好永存。每一次回首，都是一次心灵的洗礼。

岁月是用时光来计算的。那么时光又在哪里？在钟表上，日历上，还是行走在窗前的阳光里？

人间有多少芳华，就有多少遗憾，一个人在经历了许多事情就会发现，青春真的是一个人拥有过的最美好的东西。

魅力绽放

列夫·托尔斯泰

人生的一切变化，一切魅力，一切美都是由光阴和阴影构成的。

列夫·托尔斯泰 19世纪俄国伟大的批判现实主义作家，被誉为"世界文学史上最杰出的作家"之一。他的作品深刻地描绘了俄国革命时期人民的顽强抗争，因此被称为"俄国十月革命的镜子"。托尔斯泰具有"最清醒的现实主义"的"天才艺术家"的称号。

经典句摘

魅力是女人身上开出的一种花朵。有了它你无须再有其他东西；缺少它，你就是东西再多也等同于无。

——詹·马·巴里

美丽是女人最初也是最终的魅力。

——毕淑敏

魅力通常是在智慧之中，而不是在容貌之中。

——孟德斯鸠

江南春尽离肠断，苹满汀洲人未归。

——寇准

在你芳华的高枕无忧的生计里，你屋子里悉数的门户一直洞开着。

——泰戈尔

有许多人是用芳华的夸姣作为成功的价值的。

——莫扎特

少年从不会诉苦自己如花似锦的芳华，美丽的年月对他们来说是名贵的，哪怕它带着林林总总的风暴。

——乔治·桑

你用心灵，弹拨着我的心弦。我听到我的心在爱情里荡漾，我听到了人类最美的乐声。

在时间的荒漠里，思想之树根深叶茂，结出关于存在的甘甜果实。

人生如海，波澜壮阔又深不可测，每一滴水珠都承载着过往与未来的对话。

岁月悠悠，如一本未完的书，每一页都藏着生命的深邃与奇迹。

完美只是个梦，而个性才是永恒的魅力。

孟德斯鸠

魅力通常是在智慧之中，而不是在容貌之中。

孟德斯鸠　18世纪法国著名的启蒙思想家。他唯一的文学作品《波斯人信札》是一部书信体小说，描写了波斯贵族郁斯贝克在法国的游历，以书信形式展现了18世纪初巴黎的社会生活，也批判了当时的政治、经济、军事、宗教和文化等方面的现实。

经典 句摘

娴静犹如花照水，行动好比风扶柳。

——曹雪芹

优雅比美丽更富有魅力。

——爱默生

人们通常讲的魅力，是指刻意修饰与自然淳朴的混合，它同时使人既焦虑渴望，又安静平和，魅力是情感的自然流露，如同优雅乃动作的天然体现。

——安德烈·莫洛亚

灵智的与道德的魅力，可以加增一个线条并不如何匀正的女子的妩媚。

——安德烈·莫洛亚

巧笑倩兮，美目盼兮。

——《诗经》

漂亮的人怀疑自己的智慧，强有力的人怀疑自己的魅力。

——安德烈·莫洛亚

女人拥有唯一的本分——自身的魅力，其他一切都是模仿。

——菲茨杰拉德

世界上最美不过的景致，是那些最初的心动不为人知。

——仓央嘉措

真正的魅力源于内心的自信，当你相信自己时，那种由内而外散发的光芒，会让你在人群中脱颖而出，魅力绽放得淋漓尽致。

善良是人性中最璀璨的光芒，一个善良的人，总是能在不经意间温暖他人，这种温暖的力量会让其魅力无限绽放，吸引着身边的人围绕而来。

拥有智慧的人，能在复杂的世界中洞察秋毫，他们的思维如璀璨星辰，闪耀着独特的光芒，智慧让他们的魅力在岁月中不断升华，越发迷人。

勇敢的人敢于挑战未知，敢于突破自我，他们的勇气如同燃烧的火焰，照亮了前行的道路，也让他们的魅力在挑战中绽放出耀眼的光彩。

真正的宁静，不在于避开车马喧嚣，而是在心中修篱种菊，点一盏心灯，守一片月明。

眼睛是心灵的窗户，透过它，可以看到一个人灵魂的深邃与广阔。

最亲切的美是微笑，最可靠的美是心灵，最珍贵的美是品德，最耀眼的美是智慧，最伟大的美是母爱，最恒久的美是爱情，最纯洁的美是童真，最柔软的美是善良。

真诚是人性中最宝贵的品质之一，一个真诚的人，能够以真心换真心，他们的真诚如同清澈的溪流，洗净了人心的浮躁，让其魅力得以彰显，赢得他人的信赖与尊重。

懂得宽容的人，拥有广阔的胸怀，能够包容他人的过错与不足，他们的宽容如同春风化雨，化解了人与人之间的矛盾与隔阂，使自身的魅力得到放大，展现出一种大气之美。

乐观的人总是能在困境中看到希望，他们的笑容如阳光般灿烂，能够驱散人们心中的阴霾，这种积极向上的力量会让他们的魅力不断传递，感染着身边的每一个人。

在面对挫折与困难时，坚韧的人从不轻易放弃，他们凭借着顽强的毅力和不屈的精神，一次次战胜困难，这种坚韧不拔的品质让他们的魅力在困境中凸显，令人敬佩。

热情似火的人，对生活充满了热爱，对他人充满了关怀。他们的热情能够点燃周围的气氛，让每一个与他们接触的人都感受到生命的活力，从而使自身的魅力得到充分释放。

幽默的人就像生活中的调味剂，能够用诙谐风趣的语言和独特的视角为周围的人带来欢乐。他们的幽默不仅缓解了生活的压力，还让自己的魅力大增，更容易与人建立起良好的关系。

何为魅力女性？就是她能让每一个围绕在她身旁的人如沐春风，行为举止间让人感受到尊重，感受到韵味，也感受到乐于亲近。让魅力永驻的因素不是明眸皓齿，而是富有魅力的人格特质。

魅力能使人认为你是既美且妙的。

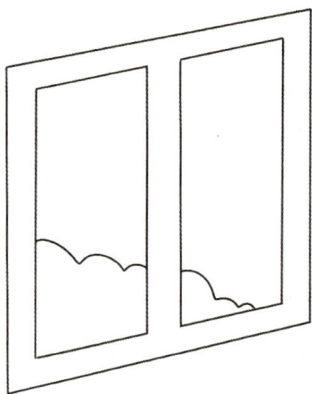

一个人自己的心灵，还有他的朋友们的感情——这是生活中最有魅力的东西。

王尔德

王尔德 19世纪末期英国文学界的重要人物，以剧作、诗歌、童话和小说而闻名。他是唯美主义运动的代表人物，主张为艺术而艺术，强调艺术的独立性和美的追求。王尔德的作品风格独特、构思巧妙，语言机智而富有讽刺意味，蕴含着深刻的社会内容和哲理。

经典 句摘

人应当一切都美，外貌、衣裳、灵魂、思想。

——契诃夫

一个人的魅力不在于他的外表，而在于他的内心世界。

——路遥

任何伟大的事业，都源于对每一细节的专注和追求。

明亮而深邃的眼睛，就像深入浅出的书，让人一读了然，又觉意味无穷。

人生最大的魅力，在于你永远拥有翻身的机会。

舍下名利，方成大德。名是锢身之锁，利是焚身之火。挡不住今天的诱惑，就会失去明天的幸福。

生命因为独一无二而显得弥足珍贵。人生不可复制，活出自我的本色才最精彩。保持本色，才能找回自信，找到属于自己的快乐人生。

一个思想有深度的人，能够透过现象看本质，对事物有着独到的见解和深刻的认识，他们的思想如同一座宝藏，吸引着他人去探索和发现，使自身的魅力在交流中得以展现。

有责任感的人，总是能够认真地对待自己的工作、家庭和社会角色，他们的担当精神让人感到安心和信赖，这种责任感会提升他们的人格魅力，成为他人眼中可靠的人。

懂得感恩的人，珍惜身边的一切，对他人的帮助心怀感激，并以实际行动回报社会和他人。他们的感恩之心如同盛开的花朵，散发着阵阵清香，让其魅力非凡，赢得他人的尊重和喜爱。

对世界充满好奇心的人，不断追求知识和新的体验，他们的眼睛里总是闪烁着探索的光芒，这种好奇心让他们的内心世界更加丰富，也使他们的魅力在不断的学习和成长中持久绽放。

当一个人专注于某件事情时，他们会全身心地投入其中，展现出一种专业和执着的精神，这种专注的状态会让他们在自己的领域中散发出独特的魅力，吸引着他人的关注和赞赏。

善于倾听他人的人，能够给予他人充分的关注和尊重，他们用耳朵和心灵去感受他人的喜怒哀乐，这种倾听的姿态让他们显得更加亲切和有魅力，能够赢得他人的真心相待。

不断自我成长的人，能够不断地完善自己，提升自己的能力和素质，他们在成长的过程中逐渐展现出更加成熟和自信的魅力，如同破茧成蝶，绽放出绚烂的光芒。

内心强大的人，无论面对何种风雨，都能保持从容和淡定，他们的内心如同深邃的海洋，蕴含着无尽的力量，这种内心的强大会散发出一种强大的魅力磁场，吸引着他人向他们靠拢。

尊重他人是一种高尚的品德。一个懂得尊重他人的人，能够平等地对待每一个人，不轻视、不歧视，他们的尊重让他人感受到被重视，从而凸显出自身的魅力修养。

在爱与被爱的过程中，人们学会了付出和关心，也感受到了温暖和幸福，这种情感的交流让人性中的美好得以展现，使人们的魅力如花朵般在爱与被爱中绽放。

梦境与现实交织的边缘，藏着宇宙最深沉的诗篇，等待有心人的解读。

拥一席如雪般圣洁的情怀，守一份淡泊与从容，任世事浮沉，波澜不惊。

爱默生

美而缺乏魅力是无饵的鱼钩。

爱默生 美国文学史上的重要人物，被誉为"美国文艺复兴的领袖"。他的文学作品强调个人主义、独立思考和自我发展，对传统权威和社会规范提出疑问。爱默生的行文犹如格言，哲理深入浅出，说服力强，形成了典型的爱默生风格。

经典句摘

魅力是为远处的赞美而存在的。

——塞·约翰逊

魅力是一种内在美，而不是妩媚的面貌和动人的体态。

——布雷默

读书多了，容颜自然改变，许多时候，自己可能以为许多看过的书籍都成了过眼云烟，不复记忆，其实它们仍是潜在的。在气质里，在谈吐上，在胸襟的无涯，当然也能显露在生活和文字中。

——三毛

优雅是一种和谐，非常类似于美丽，只不过美丽是上天的恩赐，而优雅是艺术的产物。

——巴尔扎克

真正的美，是美在它本身能显出奕奕的神采。爱好时髦是一种不良的风尚，因为她的容貌是不因她爱好时髦而改变的。

——卢梭

一个人自己的心灵，还有他的朋友们的感情——这是生活中最有魅力的东西。

——王尔德

对这些岁月的回忆远比它们本身更有魅力。

——米兰·昆德拉

魅力、眼神、微笑、语言是女人用来淹没男人和征服男人的洪流。

——莫泊桑

聪慧的女人，眼睛是窗；智慧的女人，心灵是泉。

沉默是金，它蕴含着千言万语，等待着与懂得倾听的心相遇。

绿叶素华兮，芳菲袭人。冰清玉洁兮，肝胆照人。这里有情有爱，这里有纯有美。这里有寓意，有寄托，有怀想。

夜深了，夜潜入了夜的幽梦；心静了，心听到了心的回声。

生活，总是在忙与闲中纠缠，更是舍与得的摇摆。其实并没有什么老天注定，究其根本，不过是一场忠于人生的探索，而生命的美好，就在于经历生命的本身。以出世的心态做人，以入世的心态做事。

真爱是一杯神奇的美酒，无形的磁场，是心有灵犀一点通的至高境界。

女人的魅力是女人的护身符，它是比美丽更有价值的东西。女人的美丽会因岁月的漂洗而褪色，花开花落终有时，而女人的魅力却会因岁月的淘洗而放出耀眼的光华，会因岁月的深藏而散发出醉人的醇香。

人最大的魅力，是有一颗阳光的心态。不急不躁，不骄不馁，把握好每分每秒，让幸福拥抱自己。

成长不是改变自己，而是不断完善自己。强大一些，要相信你自己；坚定一些，要相信自己的感觉。

能力不在脸上，本事不在嘴上。要踏踏实实做实事，生活不会因为某个节点而变得与众不同，未来的幸运是过往努力的积攒!

不拥有美丽的女人并非也不拥有自信。美丽是一种天赋，自信却像树苗一样，可以播种可以培植可以蔚然成林可以直到地老天荒。

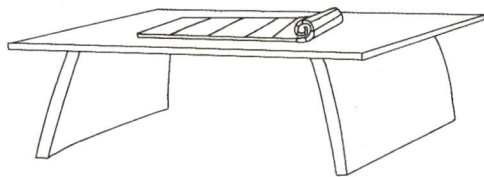

真情永恒

秦观

两情若是久长时，又岂在朝朝暮暮。

秦观 北宋著名词人，字少游，号淮海居士，别号邗沟居士，学者称其为"淮海先生"。他的词作以婉约含蓄、清丽雅淡的风格著称，多描写男女情爱和抒发身世之感，情感真挚深沉，给人以强烈的感染力。

经典句摘

我们久久地谈话，久久地沉默，但是我们没对彼此坦白我们的爱意，而是羞怯又嫉妒地隐藏这份爱。

——契诃夫

死生契阔，与子成说。执子之手，与子偕老。

——《诗经》

愿我如星君如月，夜夜流光相皎洁。

——范成大

曾经沧海难为水，除却巫山不是云。取次花丛懒回顾，半缘修道半缘君。

——元稹

山无陵，江水为竭，冬雷震震，夏雨雪，天地合，乃敢与君绝。

——《汉乐府》

结发为夫妻，恩爱两不疑。

——苏武

在我荒瘠的土地上，你是最后的玫瑰。

——聂鲁达

我望着月亮，却只看见你。

——迈克尔·翁达杰

自从我们相遇的那一刻，你是我白天黑夜不落的星。

——莱蒙托夫

太空浩瀚，岁月悠长，我始终乐于和她分享同一颗行星和同一个时代。

——卡尔·萨根

只是一想到你，世界在明亮的光晕里倒退，一些我们以为永恒的，包括时间都不堪一击。

——余秀华

不要问我心里有没有你，我余光中全是你。

——余光中

你不在时，白天和黑夜，是分秒不差二十四小时。你在时，有时少些，有时多些。

——阿巴斯·基阿鲁斯达米

你把一次的目光借给我，我就还了你无数次。

——陈繁齐

我所问出的问题都关于你，我所踏出的每步都指向你。处处皆是你，声音所至，目光所及。

——鲁米

低头是一种能力，它不是自卑，也不是怯弱，它是清醒中的嬗变。有时，稍微低一下头，或者我们的人生路会更精彩。

一杯茶，一首诗，与你共饮一杯生活的暖意。几米阳光，一纸文字，徜徉在文字的世界里，静静停靠在心灵深处的角落。

没有一个冬天不可逾越，没有一个春天不会来临。最慢的步伐不是踌步，而是徘徊，最快的脚步不是冲刺，而是坚持。

情爱是一个古老而经久不衰的话题。多少痴情儿女在爱河里从幸福开心到欲罢不能，从甜蜜心动到消沉觉醒，苦苦地感受着爱的真谛，爱的沧桑。

梧桐，让人们见证着他们忠贞不渝的爱情，因为它从来不会在风吹雨打里倒下。每一个黄昏都孤独地矗立在落寞的地方，可是它仍然无怨无悔地守候着这不老的爱情。

爱情，是心的呼唤，是心的永恒，是心中不能改变的信念。需要的是道德，是良心，是健康，是责任，是珍惜，是包容，是守候，是名节……

曹雪芹

滴不尽相思血泪抛红豆，开不完春柳春花满画楼。

曹雪芹　中国清代著名的文学家和小说家，以代表作《红楼梦》闻名于世。他的作品规模宏大、结构严谨、情节复杂、描写生动，塑造了众多具有典型性格的艺术形象，堪称中国古代长篇小说的高峰。

经典句摘

你还不懂得时间的微妙，它不是只会流逝，还会回卷，像涨潮时的浪。

——黄锦树

天不老，情难绝。心似双丝网，中有千千结。

——张先

并不是要达到了怎样的目的，爱才成为爱。无论怎样的爱都是一份美好，一份结果。而刻在心底的爱，因为无私无欲，因为淡泊忧伤，才会是真正的永恒。

在忙碌与无谓的喟叹中，日子从耳鬓衣袖间轻轻滑过。穿行在城市的大街小巷，高楼林立，灯光闪烁，商店的橱窗里翻新着各季的时装，人群如蚁，擦肩而过的是陌生的面孔。

如果你来访我，我不在，请和我门外的花坐一会儿，它们很温暖，我注视它们很多很多日子了。它们开得不茂盛，想起来什么说什么，没有话说时，尽管长着碧叶。

友谊和爱情之间的区别在于：友谊意味着两个人和世界，然而爱情意味着两个人就是世界。

真正的朋友，是一个灵魂孕育在两个躯体里。

城市每天都在喧嚣中行进着，延续着文明与文化，而那种生命的亲和与信赖，自然的濡染和相融，却渐行渐远。

歌唱人间，在日出日落，春来春去中携手并肩，唱着亘古不变的爱之歌，在滔滔不绝里抒写着寒来暑往的浓郁情感；歌唱人间，自然和谐，处处真情，在姹紫嫣红里充满蓬蓬勃勃，在浓情激荡里煽情烟雨红尘。

雨果

人生是花，而爱是花蜜。

雨果 19世纪法国浪漫主义文学的代表人物，被誉为"法兰西的莎士比亚"。他的文学作品以宏伟的叙事手法、生动的形象描绘和深刻的社会批判而著称。雨果的作品充满了激情和奇思妙想，突破了当时严肃的传统文体，展现了浪漫主义的特征。

经典句摘

我永恒的灵魂注视着你的心，纵然黑夜孤寂，白昼如焚。

——兰波

直道相思了无益，未妨惆怅是清狂。

——李商隐

问世间，情是何物，直教生死相许？

——元好问

我的脚下沾有多少泥土，我的心中就沉淀多少真情。

——胡蝶

只要莫逆之交的真情洋溢与世态炎凉的残酷有了比较，一个人才会恍然大悟。

——巴尔扎克

一刹真情，不能说那是假的，爱情永恒，不能说只有那一刹。

——三毛

一束赞许的目光，一个会心的微笑，一次赞许的点头，都可以传递真情的鼓舞，都能表达对孩子的夸奖。

——张石平

眼睛为她下着雨，心却为她打着伞。

——泰戈尔

爱情会给忧伤的眼睛注入生命，使苍白的面孔泛起玫瑰色的红润。

——巴尔扎克

在所有游动的时光里，爱永远都会汇聚在此刻。四季更替，唯有爱久弥新。

最长久的心安莫过于与你共悲喜。

我能想到最浪漫的事，就是和你一起慢慢变老。

这世上从来不缺让人心动的新鲜感，但长久的陪伴实属难得。

一段话入心，只因触碰了心灵；一行泪流下，只因瓦解了脆弱。

我的心在狂喜中跳跃，为了它，一切又重新苏醒，有了倾心的人，有了诗的灵感，有了生命，有了眼泪，也有了爱情。

普希金

普希金　俄国文学巨匠，被誉为"俄国文学之父"和"俄国诗歌的太阳"。他的诗歌语言丰富而简洁，抒情诗尤其精致，不仅包含了浪漫主义的美文和传统诗歌词汇，还融入了现实话语、日常惯用语和民间词汇。

经典 句摘

爱情如同争议：它实质就是平等。

——皮埃尔·勒鲁

人类最聪明的地方就是善于爱女人，崇尚她的美，世界上最美好的一切都来自对女人的爱。

——高尔基

如果爱情的基础是健康的，心的指引就会变得十分单纯，十分美妙，理智就只好难为情地低下头；如果基础有问题，那么理智也就无能为力。

——泰戈尔

真情是永恒的，它不会因时间的久长而褪色，像苍松翠柏一样，万年常青。

一见钟情这种事，浪漫但不一定长久。日久生情这种事，很难却更难分开。

原谅，并非因为心宽，而是因为不舍。不原谅，未必是因罪不可赦，只因心已离开。真情，一定会让人心软。

思念是一首诗，让你在普通的日子里读出韵律来；思念是一阵雨，让你在枯燥的日子里湿润起来；思念是一片阳光，让你的阴郁的日子明朗起来。

爱的力量是无比大的，爱的色彩是无比美的。她可使心中有爱的人幸福，贡献出爱的人快乐，得到爱的人欢笑；她可使家庭美满，使社会安定，使世界和平。

温暖是飘飘洒洒的春雨，温暖是写在脸上的笑影，温暖是义无反顾的响应，温暖是一丝不苟的配合。

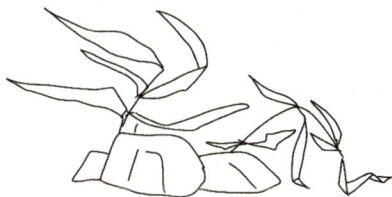

梦想启航

王阳明

有志于圣人之学者，外孔、孟之训而他求，是舍日月之明，而希光于萤爝之微也，不亦谬乎？

王阳明 中国明代著名的思想家、文学家、哲学家和军事家。他的文学成就卓著，作品包括诗歌、散文等，其中《瘗旅文》被收录于《古文观止》，显示了其文章水平之高。

经典句摘

人类也需要梦想者，这种人醉心于一种事业的大公无私的发展，因而不能注意自身的物质利益。

——居里夫人

如人走路一般，走得一段，方认得一段；走到歧路处，有疑便问，问了又走，方渐能到得欲到之处。

——王阳明

一个人的理想越崇高，生活越纯洁。

——伏尼契

趁我们头脑发热，我们要不顾一切。

——波德莱尔

不要怀有渺小的梦想，它们无法打动人心。

——歌德

全力以赴度过今天，自然就能看清楚明天。

熬得住就出众，熬不住就出局，你的野心很大，所以没资格停下。

当你吃土的时候，没人关心你苦不苦，当你吃肉的时候，总有人问你香不香。

人人都喜欢免费的东西，但没有人会去珍惜它。

可能有人希望你过得好，但没人希望你过得比他好。

唯有将梦想坚持下去，才能演绎成功的人生。让我们共同为梦而努力，为梦而奋斗，为梦创造奇迹。

梦想不抛弃苦心追求的人，只要不停止追求，你们会沐浴在梦想的光辉之中。

于
谦

但愿苍生俱饱暖，不辞辛苦出山林。

于谦　明代杰出的政治家、军事家和文学家。他的文学成就主要体现在诗歌创作上，其作品以忧国爱民和表达坚贞节操为主。于谦的诗作风格豪迈、气势坦荡，常以物喻人，通过象征手法将物的品格和人的品格融为一体，使得诗歌具有永恒的意义。

经典句摘

梦想一旦被付诸行动，就会变得神圣。

——阿·安·普罗克特

我们因梦想而伟大，所有的成功者都是大梦想家。

——威尔逊

我们都拥有自己不了解的能力和机会，都有可能做到未曾梦想的事情。

——戴尔·卡耐基

理想的人物不仅要在物质需要的满足上，还要在精神旨趣的满足上得到表现。

——黑格尔

不要垂头丧气，即使失去一切，明天仍在你的手里。

——奥丁斯卡·王尔德

如果你不能飞，那就奔跑。

——马丁·路德·金

自由和命运只垂青每天努力的人。

——歌德

最初所拥有的只是梦想，以及毫无根据的自信而已。但是，所有的一切就从这里出发。

人生看似简单，却承载了太多的情非得已，生活看似容易，却让人身不由己。

在人际交往中，高明的做法是待人热情、大方，一问三不知。

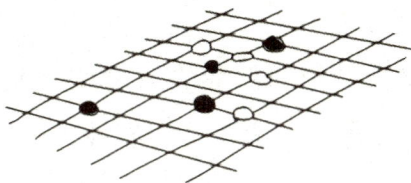

吾任天下之智力，以道御之，无所不可。

曹操

曹操 东汉末年杰出的政治家、军事家，也是一位才华横溢的文学家。曹操的诗歌风格朴实无华、感情真挚，以慷慨悲凉的情调著称，被后人誉为"建安风骨"的代表。

经典句摘

一切活动家都是梦想家。

——詹·哈尼克

当你打算放弃梦想时，告诉自己再多撑一天，一个星期，一个月，再多撑一年吧，你会发现，拒绝退场的结果令人惊讶。

——尼克·胡哲

一个人可以非常清贫、困顿、低微，但是不可以没有梦想。只要梦想存在一天，就可以改变自己的处境。

——奥普拉

理想是指路明灯。没有理想，就没有坚定的方向，而没有方向，就没有生活。

——列夫·托尔斯泰

梦想家的缺点是害怕命运。

——斯·菲利普斯

现实是此岸，理想是彼岸。中间隔着湍急的河流，行动则是架在川上的桥梁。

人性最可怜的就是：我们总是梦想着天边的一座奇妙的玫瑰园，而不去欣赏今天就开在我们窗口的玫瑰。

我偷了落日的酒与自己化敌为友，讨好不了别人所以我选择讨好自己。

世界上所有的惊喜和好运，都是你累积的温柔和善良。

岁月会成就最好的自己，时光也必将打磨出，我独一无二的美丽。

生活都是一半清醒，一半醉，一半倔强，一半自愈，谁不是因为钱才狼狈。

没有永远的上游，但我们永远向上游。

开心就笑，不开心就过会儿再笑，你绕世界打听一圈，谁还没个遗憾。

生活没有退路，坚强是唯一的选择，没有人可以和生活讨价还价，所以，只要活着就一定要努力！

徐霞客

无人扶我青云志，
我自踏雪至山巅。
若是命中无此运，
亦可孤身登昆仑。

徐霞客 中国明代杰出的旅行家、地理学家和文学家，他的文学成就主要体现在代表作《徐霞客游记》中。这部作品以日记的形式，详细地记录了他30多年旅行考察的经历，涵盖了地理、水文、地质、植物等多个领域的丰富内容。

经典句摘

所谓伟大的事业，就是要让自己的梦想成真。

——王小波

我要把人生变成科学的梦，然后再把梦变成现实。

——居里夫人

誓将挂冠去，觉道资无穷。

——岑参

万里不惜死，一朝得成功。

——高适

何时诏此金钱会，暂醉佳人锦瑟旁。

——杜甫

如果一个人不知道他要驶向哪个码头，那么任何风都不会是顺风。

——小塞涅卡

人的理想志向往往和他的能力成正比。

——约翰逊

只要一个人还有追求，他就没有老。直到后悔取代了梦想，一个人才算老。

——巴里摩尔

梦想一旦被付诸行动，就会变得神圣。

——阿·安·普罗克特

梦想的力量在于即使身处逆境，亦能帮助你鼓起前进的船帆；梦想的魅力在于即使遇到险运，亦能召唤你鼓起生活的勇气；梦想的伟大在于即使遭遇不幸，亦能促使你保持崇高的心灵。

人要有梦想，有了梦想才会努力奋斗，人生才会更有意义。如果没有梦想，那就托做庸人。

生活一定会把压轴的好运留到最后，才会让你经历那么多糟糕的日子。

选择自信，就是选择豁达坦然，就是选择在名利面前岿然不动，就是选择在势力面前昂首挺胸，撑开自信的帆奋勇向前，展示搏击的风采。

内心再强大一点儿，就不会听风是雨。知道的事再多一点儿，就不会人云亦云。

去相信美好的东西：相信他人的善意，相信自己的能力，相信努力的意义，这些美好，你越相信，就越接近。

梦想不是更多的鲜花和掌声，而是你尊敬的人能够喊出你的名字；梦想不是更多的得到和做到，而是爱你的人从心里为你骄傲为你自豪。梦想，不要说说而已。

努力爬得更高，不是让全世界看见你，而是让自己看看全世界。

不与混人辩理，莫与恶狗争道。

我有自己喜欢的感觉，根本不想听你喜欢哪种。

与理想同等交易，与喧嚣保持距离。

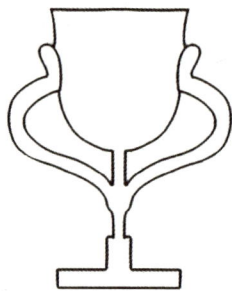

静水流深

这时真静，我为了这静，好像读一首怕人的诗。这真是诗。不同处就是任何好诗所引起的情绪，还不能那么动人罢了。

沈从文

沈从文 中国20世纪的重要作家，以其独特的乡土文学作品而著称。他的作品被视为"中国乡土文学"的典范，蕴含着自然的美丽和人性的纯粹，同时又不乏对人生的深刻思考。

经典句摘

最高境界的寂寞，是随缘偶得，无须强求。只要有一刻的寂寞，我便要好好享受。

——梁实秋

真正的平静，不是避开车马喧嚣，而是在心中修篱种菊。

——林徽因

浅水是喧哗的，深水是沉默的。

——雪莱

大智若愚，大巧若拙，大音希声，大象无形。

——老子

静以修身，俭以养德。非淡泊无以明志，非宁静无以致远。

——诸葛亮

涧水流花去，山云载鹤归。

——柯潜

过尽千帆皆不是，斜晖脉脉水悠悠。

——温庭筠

上善若水，水善利万物而不争。处众人之所恶，故几于道。

——老子

水静则明烛须眉，平中准，大匠取法焉。水静犹明，而况精神！圣人之心静乎！天地之鉴也，万物之镜也。

——老子

重为轻根，静为躁君，是以君子终日行，不离辎重。

——老子

我这辈子没做过坏事，为什么要被生活勒出小肚腩和双下巴。

站在自己的角度理解别人，站在别人的角度释怀自己。

刻意去找的东西，往往都找不到，世界万物的来去，皆有因缘际遇。

时间煮茶，岁月缝花，此生尽兴，赤诚善良。

原以为无法宣泄的心情，原来只要放到阳光下晒一晒就好了。

人人都有苦衷，事事都有无奈，我也想问为什么，可生活毕竟是生活。

　　自己的故事自己留着就好，说浅了不感动，说深了又没人信，如无共鸣，沉默即安。

老子

光而不耀，
静水流深。

老子　道家学派创始人，在文学上成就非凡。其著作《道德经》语言简洁精妙，五千言蕴含无尽智慧。多以韵文写成，富有节奏感，读来朗朗上口，便于传诵。老子善用形象化表述，以水喻善，生动且深刻。

经典 句摘

我们终此一生，就是要摆脱他人的期待，找到真正的自己。

——伍绮诗

人生在世，还不是有时笑笑人家，有时给人家笑笑。

——林语堂

不要让别人的意见淹没了你内心的声音。最重要的是，要有勇气依照自己的内心去行动。

——史蒂夫·乔布斯

我从来不曾有过自我怀疑。我从来不曾灰心过。我一直保持着一种平静的心态，面对所有的困难和挑战。

——邓亚萍

金谷成空，过了繁华，洛水流东。

——卢挚

峨眉山月半轮秋，影入平羌江水流。

——李白

天下之交也，牝恒以静胜牡。

——老子

道生于安静，德生于卑退；福生于清俭，命生于和畅。

——庄子

孰能浊以止，静之徐清？孰能安以久，动之徐生？

——老子

彻底放弃无益的希望的人，在不断增长的安静中得到补偿。

——吉辛

静水流深，智者无言。真正的智者，总是懂得在平静中积蓄力量，在沉默中磨砺锋芒，他们像深邃的湖水，表面波澜不惊，内心却蕴含着无穷的智慧和力量。

所谓光而不耀，那是静水流深，不似那浅滩观者众多。人在顺境时不必过度炫耀，要低语做人，静如流水，如此才能兜得住福气。

静水流深，藏锋守拙。在这个喧嚣的世界里，懂得藏锋守拙的人，不会轻易暴露自己的实力和野心，而是在暗中默默努力，等待时机成熟，一举成功。

高山不语，静水流深；智者无言，心有日月。在低谷时，他们不抱怨，不将苦楚挂在嘴边，而是默默承受，在沉默中成长、强大。

静水流深的人，往往具有强大的内心和坚定的信念，他们不会被外界的干扰和诱惑所左右，能够坚守自己的原则和底线。

生活是辽阔的也是细腻的，是静水流深也是波澜壮阔，人性中的坚韧与温柔，在这静水深流的生活中得以体现。

心如止水，水止犹鉴，静水流深，止于至善。做人要克制、不张扬，丰富内涵，洞察一切却不被矛盾束缚，不被欲望捆绑。

静水流深的人，懂得倾听和尊重他人，他们不会轻易打断别人的话，也不会将自己的观点和想法强加给别人，而是给予他人充分的表达机会和思考空间。

生活永远不可能像你想象的那么好，但是也不会像你想象得那么糟。

莫泊桑

莫泊桑　19世纪法国杰出的批判现实主义作家。他的文学作品题材丰富，涵盖了普法战争、小资产阶级和农民生活等诸多领域。其短篇小说成就极高，文字简洁明快、生动形象。

经典句摘

暴风雨中的平静永远是暂时的，不知什么时候，狂风就会突然降临，将树木吹得哗哗作响，转而却消失在天地。

——莫泊桑

有时，我可能脆弱得一句话就泪流满面；有时，也发现自己咬着牙走了很长的路。

——莫泊桑

在人际交往中，静水流深的人不会刻意去讨好别人，也不会轻易地与他人发生冲突，他们以平和的心态对待他人，用真诚和善良去赢得别人的尊重和信任。

静水流深的人，不会被一时的成功冲昏头脑，也不会被暂时的困难所打倒，他们能够保持一颗平常心，以冷静和理智的态度去面对生活中的各种挑战和机遇。

真正有深度的人，如静水流深，他们的思想和情感如同那深不见底的湖水，丰富而深沉，需要我们用心去感受和领悟。

静水流深，是一种低调的奢华，是一种内敛的光芒。那些内心充实、富有涵养的人，无须张扬，自能在人群中散发独特的魅力。

人性的美好常常隐藏在静水流深之中，那些默默付出、不求回报的人，用他们的行动诠释着爱与善良的真谛。

愿所有的后会有期，都是它日的别来无恙。

我凌于山河万里，一生自由随风起。

世上没有绝对的公平，连人心都是偏左的。

静水流深的人，懂得在适当的时候保持沉默，因为他们知道，言语有时是多余的，行动和内心的力量更能说明一切。

人性的魅力在于静水流深的内涵，那些经历过岁月洗礼的人，身上散发着一种从容不迫、淡定自若的气质，令人钦佩。

静水流深，是一种修养，一种境界。拥有这种品质的人，能够在复杂的人际关系中如鱼得水，游刃有余，同时又不失自我。

静水流深的人性之美，在于他们不急于表现自己，而是在默默地积累、沉淀，用时间和经历来丰富自己的人生。

在这个浮躁的社会中，静水流深的人如同一股清泉，他们的存在让我们感受到人性的温暖与美好，也让我们懂得了什么是真正的深沉与内涵。

静水流深，是一种低调谦逊的姿态。就像那深深的湖水，虽有万丈深度，却从不张扬，以平和的心态容纳万物，展现出一种深邃而内敛的修养。

以清净心看世界，
以欢喜心过生活，
以平常心生情味，
以柔软心除挂碍。

林清玄

林清玄　中国台湾著名作家、散文家，以其独特的文学风格在华语文学界占据重要地位。他的散文深受禅宗思想的影响，作品蕴含着深远的禅意，展现出简朴、清新、智慧和幽远的风格。

经典 句摘

我需要最狂的风和最静的海。

——顾城

海纳百川，有容乃大；壁立千仞，无欲则刚。

——林则徐

人心如良苗，得养乃滋长；苗以泉水灌，心以理义养。一日不读书，胸臆无佳想。一月不读书，耳目失精爽。

——萧抡谓

我不求深刻，只求简单。

——三毛

心若能持平，清静如水，装在圆的或方的容器，甚至在溪河大海之中，又有什么损伤呢？

——林清玄

静中静非真静，动处静得来，才是性天之真境。

——洪应明

静水流深，沧笙踏歌；三生阴晴圆缺，一朝悲欢离合。

——曹雪芹

河流越宽，河水越平静。心越大，人越平和。

——罗素

在这纷繁复杂的世界里，静水流深的处世态度能让我们保持清醒与冷静。面对各种诱惑和挑战，我们应像那平静的流水，不被外界所干扰，坚守自己的原则和底线，以沉稳的姿态应对一切。

静水流深教会我们在人际交往中要含蓄、包容。与人相处时，不急于表达自己的观点，而是耐心倾听他人的意见，以宽容的胸怀理解他人，这样才能建立起深厚而持久的情谊。

路与他人各不同，不必听风就动容。

世间真假，皆我所求，苦与乐，都可奉酒。

自古人生最忌满，半贫半富半自安。

取舍有度，忙闲相宜，从容于朝夕，安稳于四季。

心有山水不造作，静而不争远是非。

青山不语仍自在，人稳言少亦从容。

晨看花开千万朵，暮守清灯暖烟火。

一个人的内心若能如静水流深般坚定，那么无论遭遇多大的风雨，都能保持从容与淡定。他们不会被一时的困难所击倒，而是在困境中磨砺自己，让内心的力量愈发强大。

生活中的智者，懂得静水流深的道理。他们不会被眼前的利益所迷惑，而是着眼于长远，以平和的心态和持久的努力，去追求更高尚、更有意义的人生目标，让生命在岁月的沉淀中绽放出更加璀璨的光芒。

相遇是安排，分离亦是如此，遇见已是美好，之后便是造化。

接受生活中的不完美，宽容生活中的不容易。

越长大越是小心翼翼，成长，带走的不只是时光，还带走了当初那些不害怕失去的勇气。

原谅是容易的，但再次信任，就没那么容易了，所谓的百毒不侵，也不过是人麻木的表现而已。

凡事都往好处想，生活不是用来妥协的，你退缩得越多，让你喘息的空间就越少。

不要整天抱怨生活，生活根本就不知道你是谁，更别说它会听你的抱怨。

帮你走出雨季的不是雨伞，而是那个不惧风雨的自己。

诸葛亮

夫君子之行，静以修身，俭以养德。

诸葛亮　三国时期蜀国丞相，杰出的文学家。他的文学成就颇高，散文代表作《出师表》言辞恳切，情感真挚。既表达了对先帝刘备的感激与忠诚，又流露出对后主刘禅的殷切期望以及北伐的坚定决心，读来令人动容。

经典句摘

心如止水，方能触动清澈的深处。

——王尔德

我们的心是一块海绵；我们的心怀是一道河水。

——纪伯伦

才能是在寂静中造就，而品格则是在世间汹涌波涛中形成。

——歌德

神圣具有美妙、悦人、妩媚、安详和宁静的性质，给心灵带来难以表达的纯洁、光明、平安和欣喜。

——乔·爱德华兹

生命活到极致一定是简与静，美到极致一定是素与雅。人生最重要的不是快乐而是平静。

——杨绛

知止而后有定，定而后能静，静而后能安，安而后能虑，虑而后能得。

——《礼记·大学》

陈言而伏，静而正之。

——《礼记·儒行》

只有在内心的宁静中，才能找到真正的力量。

——阿兰·怀特

有些风景入眼就是美丽，有些烦恼放下就是释怀。

眼睛可以近视，目光不可以短浅，很多事情，不放在心上就是赢。

所有的努力不是为了让别人觉得你了不起，而是为了能让自己打心里看得起自己。

有些事情不是努力就能改变，就像五十元的人民币设计得再好看，也没有一百元的招人喜欢。

站在属于自己的高度，看自己该看的风景。

我最了解自己，所以我最不喜欢自己，但是也只有我，不会放弃自己。

来者要惜，去者要放，如果放不下自己的执念，到哪里都是囚徒。

太阳下山了，夜里也有灯打开，你看这世界不坏。

顺其自然，是对生活的另一种周全。

过来人的话，没过来的人是听不进去的。

世上的人遍地都是，说得着的人千里难寻。

同样一件事情，对自己有利没利他不管，看到对别人有利，他就觉得吃了亏。

最可怕的不是冷漠，也不是歇斯底里，而是对方那份恰到好处的见外。